精密機器における
機械振動のトラブル対策

―現場でおきた機械振動問題と対処法―

博士（工学） 涌井　伸二
博士（工学） 羽持　満 　共著

コロナ社

ま　え　が　き

　メカトロ機器の開発では，機械，電気，そしてソフト設計の専門家が集合する。開発進捗により，仕様の90％程度は即座に満たせる。しかし，仕様未達で出荷できない事象も頻繁に生じる。この場合，機械・電気ハード・電気ソフトの境界領域といえる機械振動に起因していることが多い。

　開発者の対応は，（a）主担当の技術分野とは無関係と判断して問題解決にまったく関与せず，自分の責任ではないとばかりにほかの技術分野の担当者に解決を任せる，（b）ろくに調べもせず思い込みによる場当たり的対策を提案し，うまくいかずに何度も試みる，（c）振動のありかを探索し，解決策をも提示して実証する，という3種類に分類される。（a），（b）の対応が圧倒的に多いため，開発遅延やコストアップを招いている。さらに，新規開発の場面では，振動問題の解決経験がないため，知見として生かされようがない。また，振動による仕様未達は「失敗」に分類されがちであり，できれば人に報告したくない。それゆえに共有されにくいという面がある。解決されなければ出荷はできない。そのため，重要な要素技術にもかかわらず，振動が「見える」技術者は多くない。

　本書は，上記（c）の行動がとれる技術者を多く育成する狙いを有する。具体的に，著者らが経験した機械振動のトラブルを挙げ，振動源の特定，性状の把握を踏まえることで，実現可能な解決策が発想できることを示す。それは，目を凝らして開発中のメカトロ機器を見つめ，仮説を立てて振動源を突きとめ，そして振動の性状を踏まえて解決を図るというきわめて現場的な行動なのである。

　2019年8月

　　　　　　　　　　　　　　　　　　　　　　著者代表　涌井伸二

目　　　次

1.　緒　　　言

1.1　機械設計と電気・制御設計にとっての機械振動 ……………………………… 1

1.2　解析という言葉 ………………………………………………………………… 3

1.3　機械振動のお姿を知りたい …………………………………………………… 4

1.4　実験モーダル解析と双璧をなす，ありがたい振動可視化手法：
　　　ODS FRF ………………………………………………………………………… 6

1.5　機械振動の原因が容易にわかる場合 ………………………………………… 9

1.6　機械振動の原因が容易にはわからない場合 ………………………………… 11

1.7　機械振動と誤認しやすい事例（その1）〜 巻線コイルの振動 〜 ……… 12

1.8　機械振動と誤認しやすい事例（その2）
　　　〜 ビートに起因する振動 〜 ……………………………………………… 16

2.　機械の素性を知って特性改善

2.1　ボールねじ軸方向の共振周波数の計測で犯人捜し ………………………… 20

2.2　構造体を支持する装置の固有振動数を知って位置決めを改善 …………… 23

2.3　ガルバノスキャナの支持スタンドの振動を抑える ………………………… 28

2.4　加速度センサによる触診で大型機械の重心を知る ………………………… 34

2.5　加速度センサによる計測で振動モードを特定し位置決めを改善 ………… 38

2.6　超精密位置決め機器の位置信号に振動が重畳 ……………………………… 42

2.7　振動抑制のために多用するゴム ……………………………………………… 48

2.7.1　とりあえずゴムを敷いてうまくいった例 ……………………… 48

2.7.2　とりあえずゴムを敷いて失敗した例 ……………………………… 49

2.7.3　空圧アクチュエータであるノズルフラッパ型
　　　　サーボバルブの機械振動低減 …………………………………… 50

2.7.4　防振ゴムの選定方法 ………………………………………………… 53

2.8　代表的な外部外乱：床振動，騒音の伝達モデル（SEM を例にして）…… 57

2.9　音って何だっけ？ 騒音が装置を揺するのはなぜか？
　　　〜 騒音の入力モデル 〜 ……………………………………………… 60

2.10　遮音構造の原理とその欠点の克服事例 …………………………… 62

2.11　超低周波音の影響と対策 …………………………………………… 66

2.12　静剛性と動剛性の話 ………………………………………………… 72

2.13　パッシブとアクティブ除振装置の関係 …………………………… 74

3.　振動の生成と検出のための道具

3.1　機械に打撃を与えるインパルスハンマ …………………………… 81

3.2　機械を加振するシェーカ …………………………………………… 90

3.3　機械の振動を検出する加速度センサ ……………………………… 93

3.4　実機試験を行うときのノウハウ …………………………………… 102

4.　実例を通して実感できる実験モーダルと
ODS FRF の偉力

4.1　ステージの位置の偏差波形に紛れ込む機械振動の正体を暴く ……… 111

4.2　振子の動きを矯正 …………………………………………………… 115

4.3　長い筒の振動を止める？
　　　〜 耐振性向上には固有モードの高周波化が必須という思い込み 〜 … 121

4.4 磁場シールドの騒音振動による変動磁場の発生

 〜 ハンマリングによらないモードシェイプの可視化 〜 ··················· 132

4.5 モードシェイプの節を利用した騒音振動伝達の抑制

 〜 固有振動数だけではなくモードシェイプを設計 〜 ···················· 138

4.6 モードの腹に設置した広帯域動吸振器による多モード同時制振 ········ 148

4.7 床振動許容値と高周波床振動の伝達対策 ····································· 157

4.8 広帯域動吸振器とモード近接の回避とによる TEM 試料ホルダの

 耐騒音性能の向上 ··· 168

5. 終　　　　章 ····························· 177

参　考　文　献 ··· 180
索　　　　引 ··· 182

1

緒　　　　　言

　メカトロ機器の開発における機械設計者は，ものの形をつくりだす。そして，この最終性能までの責任を負う。そのため，精緻な機械設計を行ったにもかかわらず，想定外の機械振動が生じると，設計の失敗であるかのように思う。

　しかし，いかに剛に機械を設計しようとも，高加減速駆動を行わせたときの機械は「豆腐」のようになる。機械振動の惹起は不可避である。このことを認識しないため，ほとんどの開発現場では，機械設計者と電気・制御設計者の間に反目がある。機械振動が生じたとき，これをなくす方策をともに考える行動こそが優先される。工学的な感性を働かせることによって，機械振動の特定，およびこの抑制を図ってほしい。

1.1　機械設計と電気・制御設計にとっての機械振動

　自動車，家電製品，工作機械などの構造物は，何らかの外力や加振力によって，つねに揺れている。長時間にわたって機械が揺れていると，最終的には金属疲労に至り損傷を招く。あるいは，構造物の振動そのものが，課されている仕様を満たさない原因ともなる。例えば，工作機械にとって，不要な機械振動の励起が，加工品質の劣化を招くことは明らかである。

　どうにか対策を施さなければならない。対策の立案の前に機械振動の原因を特定する行為が必要となる。その道具として，学問体系になっている**モーダル解析**（modal analysis）がある。この技術を体系化した著名な成書はある。し

かし，難解な数式の羅列という意味で難しすぎ，そして実務の場面でやすやすとは使いこなせない。著者らの経験という限定付きでいうと，いきなりモーダル解析の技術を使わずとも，工学的な感性を使って機械振動の特定と，これを踏まえた改善策は案出できる。ところが，だれが担当するのかがつねに問題となる。**図1.1**に示す状況，すなわち機械設計者と電気制御技術者の間で責任転嫁がおこることはつねである。

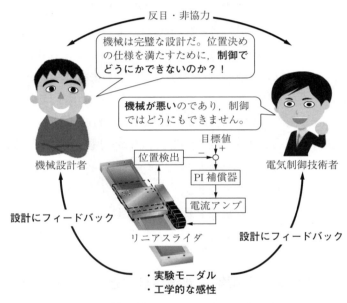

図1.1 機械設計と電気・制御設計の関係

加えて，モーダル解析，あるいは機械振動の特定という行為は分析として認識されているため，設計の本流とはみなされていない。そのために，知識を保有せずとも機械および制御設計にとっては支障がないと考えられがちである。しかし，モーダル解析がじつは設計に資する知見を提供し，直接のご利益としては機械の素性をとらえ，この工学的な理解に立脚して機械装置の性能が改質されることを実例で紹介する。専門を異にする技術者どうし，あるいは管理者はモーダル解析の意義を正しくとらえてほしい。

1.2 解析という言葉

　モーダル解析という用語における**解析**（analysis）の言葉に注目してみよう。要するに，「解析」とは「分析」のことである。一方，analysis の対の言葉は synthesis であり，つまり**設計**である。著者一人の経験の範囲という限定を付けて，特に製品設計者は，解析行為を嫌がる傾向が強いと感じている。設計者は，課されている製品の仕様，納期，そしてコストなどの制約条件のもとで，最良の設計をすることを本務としているからである。つまり，制約条件付きなので，けっして完璧なものはつくれないことを承知している。それにもかかわらず，分析者あるいは解析者は，設計・製造済みの機械構造物に対して，難癖をつけるかのように実験モーダル解析の結果を突き付ける。このことに対する一種の怒りが含まれるのかもしれない。加えて，モーダル解析とは設計行為そのものではないため，この解析の専門家集団を開発チームのなかに備えていることは，ほとんどの会社では皆無である。このチームがある会社もあるが，全社対応の組織であることが多い。

　しかし，最近では設計時点でモーダル解析（数値シミュレーション）の結果を取り入れることが常識化している。理由は，設計を経て製造された後に，機械振動に起因するトラブルが発生したとき，事後の解析で不具合箇所が明白に納得できる場合が多いという経験に基づく。そのため，初期設計の機械図面レベルで事前に有限要素法（FEM）を使ったモーダル解析を行い，この結果を踏まえて最終の機械制御装置の設計をするという仕事の進め方が多くなっている。ところが，**図 1.2** に示すように，FEM 解析部隊が全社組織に属している場合，設計に資する解析結果を頻繁に得ることは難しくなる。依頼内容に即した解析は忠実に実施するものの，アイデアの良否を頻繁に FEM で確認したいという速いサイクルには追従できないからである。

4　　1. 緒　　　　言

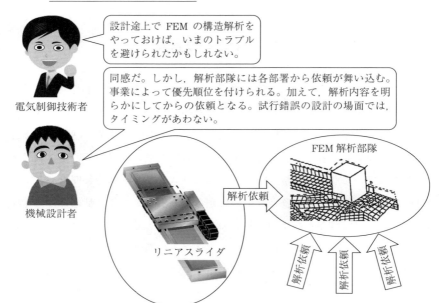

図 1.2　FEM 解析部隊に寄せられる仕事

1.3　機械振動のお姿を知りたい

図 1.3 は位置決めステージの開発の様子を示す。機械設計者は，搬送する物体の寸法および重量を加味して，ステージの大きさを決める。つぎに，搬送物の位置決め精度と搬送に要する時間に関する数値仕様を満たすように，ステージ位置決めにとって最良と思われる案内機構および動力源を選択する。そうして製造される。

一方，電気設計者は，機械設計の進捗と並行して，動力源のアクチュエータを駆動する電流アンプ，位置センサからの信号を処理するコントローラ，そして配線の引回しなどの設計を行う。つぎには，ものの製作が行われる。

そして，両者の設計に基づいて製作されたものどうしが結合され，試運転が行われる。最初は，原初的な確認工程である。すなわち，動くか，あるいは動

1.3 機械振動のお姿を知りたい

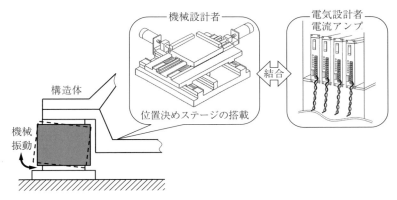

図1.3 位置決めステージの開発

かないかという観点である。この確認以降は、生産現場での要求に応えるためのコントローラの調整が行われていく。具体的には、位置決め時間を短くするために、徐々に制御系のゲインを強める。多くの場合、調整だけに頼って位置決め時間および精度を確保することはできない。加減速駆動を急峻にしたとき、設計時点では想定もしていない機械共振が励起され、仕様の達成を阻害する。そして、この未達が機械設計者と電気制御技術者の間で共通の認識になったとき、不幸な場合、両者が反目の状態になることがある。簡単にいえば、責任のなすりつけあいとなる。

なぜならば、機械振動の現象が明瞭に目視できないからであろう。機械設計者の手による機械装置は目に見え、現物を触ることができる。そして、電気設計者によるユニットも目に見え、かつ触れられる。ところが、低速で動かしているときには問題ない機械が、高速化したときに仕様を満たさない。その原因が、機械振動であると分析者はいう。しかし、見えてはいないではないか。

電気設計の不具合でノイズが発生し、これが機械振動として誤認されているのであろう。いや、ノイズ対策は施してある。高速化するとセンサ出力に持続振動が重畳するので、機械のどこかに不具合があるはずである。このような責任転嫁をしているようでは、目前の問題は解決されない。機械の素性を、すなわち機械振動のお姿を明らかにする行動をおこさなければならない。機械の振

6   1. 緒   言

動性状を明らかにする行為を通して，仕様を達成する方策が見出せる。

1.4 実験モーダル解析と双璧をなす，ありがたい振動可視化手法：ODS FRF

　勘違いされやすいことであるが，モーダル解析で得られた固有モードと実際に振動している対象の動きとは必ずしも一致しない。

　ODS（operating deflection shape）**解析**（**実稼働解析**とも呼ぶ）は，モーダル解析ほどにはよく知られていない。しかし，振動の調査・分析には大変有効な手法である。ODS には時間軸で対象の挙動を直接観察する方法と，周波数領域で各周波数別に対象の挙動を観察する（ODS FRF と呼称）方法とがある。前者は再現性の乏しい過渡的な振動の分析に適するが，時間軸での観察のためには ［測定点の数]×[観察したい軸数（3次元的挙動を観察したければ3軸)］分のセンサと記録手段とが必要となり，測定点が増えるほどコストが高くなる。一方，後者は比較的安定した振動の分析に適しており，一般的には参照点（1軸）と応答点（3軸）との 4Ch 分のセンサと FFT アナライザがあれば，理論的には測定点を無限に設けることができる。したがって，比較的大規模な構造の挙動を分析でき，大変に重宝する。さらに周波数別に挙動を観察できる点も便利であり，測定の平均回数を多くすることでS/Nのよい結果を得ることが可能である。なお，参照点の振動の大きさが応答点を変えるたびに異なっていても，参照点の振幅として各周波数別で平均値を用いているため，適正なODS シェイプが得られる。具体的な信号処理については専門書に譲るが，簡単に説明すれば，参照点の動きに対して応答点の動きの量が何倍であって位相がどれだけずれているのかがわかれば，相対的な動きを図示できるということである。

　以下，モーダル解析と ODS FRF との差異について述べる。モーダル解析で得られたモードシェイプを見ると弾性変形の様子がわかり，いかにも各部の振

1.4 実験モーダル解析と双璧をなす，ありがたい振動可視化手法：ODS FRF

幅がわかりそうである。数値計算によるモーダル解析ソフトには，丁寧に振幅を示すスケールバーが表示されており，これは勘違いを助長させるものである。モードシェイプは，対象の固有振動数における相対的な変形の振幅を示すだけであり，振動の絶対振幅を知ることはできない。一方，ODS FRF では対象の振幅を実測しているので，周波数別にどの程度の振幅で振動しているかを知ることができる。モーダル解析では対象の自由振動が各固有振動数においてどのような形で振動しているかを解析しているのに対し，ODS FRF では対象が置かれた環境における外乱入力の影響により，各周波数（固有振動数でなくても構わない）別に，どのような形，どれほどの振幅で振動しているかを解析している。したがって，モードシェイプと ODS シェイプは一致するとは限らない。

このことを図 1.4 に示す打楽器のスチールパンを例にして説明する。スチールパンはもともとドラム缶上部を塑性加工してつくられている。たたく位置に応じて鳴る音の高さが変わり，南国感あふれる心地よいメロディーを奏でることができる。モーダル解析では，これらすべての音の周波数と，そのときの振動の形をそれぞれ知ることができる。しかし，スチールパンがそこにあっても，たたかなければ音は鳴らないし，どの部分をたたくかによって音色は異なる。つまり，固有モードがあってもそれが励起されなければ振動しない。ODSでは，たたかれているスチールパンがどの高さの音を出していて，そのときにどのような形態で振動しているのかを知ることができる。複数の音階が同時に鳴っていることもあれば，単一周波数の音が鳴っていることもある。また，演奏中のパフォーマンスとして，ミュージシャンがドラムの縁をたたいてリズム

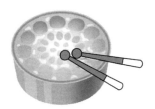

図 1.4 打楽器のスチールパン

8   1. 緒   言

を刻んだり，あるいはスチールパン全体を前後に回転させたりしても，時間軸のODSならその様子を可視化できる。スチールパンの音をきれいに響かせるためには，それぞれの平面部の中央付近，つまり最も振幅が大きくなる振動の腹の部位をスティックでたたく必要がある。ミュージシャンが間違えて，隣り合う平面部の境界やドラムの縁をたたいたとき，響かない演奏になる。

振動モードについても同様で，この腹をたたいたときに振幅は最大となり，一方，振動の節，つまり，そのモードで揺れない部位をたたいても，そのモードは励起されない。このスティックによる打撃位置は，系に対する外力の入力位置に相当する。現実の振動系において，外力の入力位置は必ずしも明確でない場合が多い。また，例えば外力が周囲の回転機械による振動であって，ある周波数で強制的に揺すられている場合もある。つまり，必ずしも測定対象は振動モードの固有振動数で揺れているとは限らないし，固有モードのすべてが励起されているわけでもない。その意味でモーダル解析とODSとは補完的に利用されるべきものである。

振動と聞いただけで，難しそうだとしりごみしてしまう機械技術者は多い。振動して困っている装置を，楽器だと思ってみれば，親しみ深い対象に変わるのではないだろうか。

【まとめ】

振動分析の分野でモーダル解析と双璧をなす分析手法としてODSがある。ODS FRFでは，構造全体について周波数別に振動の絶対振幅を知ることができて便利である。

測定対象は，各固有振動数において各モードシェイプの形で振動しているとは限らない。モーダル解析の結果から応答振幅を得るには外力の働く位置と大きさ，そして周波数が定義されなければならない。モードの節を加振してもそのモードは励起されない。モーダル解析が示すモードシェイプはあくまでも自由振動の形状を示す。それに対しODSではその環境における力の入力点や周波数分布を含めた応答を実測しており，さらにODS FRFでは各周波数別に振

動の形状，すなわち ODS シェイプを観察可能である。

モーダル解析では振動の絶対振幅を知ることはできない。一方，ODS では振動の絶対振幅を含めて評価できるため，両者を補完的に利用することが振動問題の調査・対策に適している。

1.5　機械振動の原因が容易にわかる場合

図 1.5（a）は，上部の可動体のギャップを位置センサで検出していることを示す。側面の構造物に L アングルを使ってこのセンサを取り付けており，何の問題もないように思われる。ところが，可動体を急峻に動かす動作を行わせ始めると，位置センサの出力に機械共振の影響が重畳することがある。位置センサの出力に基づくフィードバック系を構成しているため，多くの場合，補償器のパラメータ調整を試みる。しかし，機械共振が原因であるとき，どのように調整しても重畳している高周波数の共振を消し去ることはできない。

どこに原因があるのだろう。じっと機械を眺めてみる。そうすると，

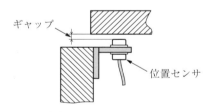

（a）　位置センサの取付け

（b）　取付け金具の機械共振

図 1.5　位置センサの取付けに起因する機械共振と対策

図（b）左側に示すように，梁としての振動が励起されると思われた。一般には視認できない振幅なので，初めは推定の域である。そうではあるが，梁の振動が励起されているのであれば，図（b）右側に示すように取付け金具の剛性を強化する対策を施して，再度位置センサの出力波形を観察し，機械共振の波形重畳が消滅していれば，やはり位置センサの取付け剛性があまかったことになる。ここで，確証を得るために，小型の加速度ピックアップを位置センサの取付け面に装着し，位置センサの出力に基づくフィードバック系を動作させたときの位置の偏差波形と，加速度ピックアップの波形とを同期させて観測する。位置センサの出力に重畳する高周波数成分と加速度ピックアップのそれとが一致するならば，確かに梁としての機械共振が位置センサの出力信号に基づ

くフィードバック系にとっては不要な機械共振の成分であったことになる。そのため，すでに一例として示した図（b）右側の対策をとる。この例のように，機械共振の原因が推定あるいは簡単な実測によって明白なものについては，対策は簡単である。

1.6 機械振動の原因が容易にはわからない場合

1.5節で述べた機械制御の例では，経験を積めば即座に機械共振の原因を特定し，これに対する対策も容易に立案できる。ところが，機械共振がどこから発生するのかが容易にはわからず，いわんやその共振をなくす，あるいは緩和する対策の立案もできない機械装置のほうが圧倒的に多い。

例えば，**図1.6**に示す位置決めステージである。このステージの駆動に起因して励起される機械共振は，位置決め時間と位置決め精度に確実に悪影響を及ぼす。モータはカップリングを介して送りねじと結合され，ボールねじ・ナットという運動変換機構によってXとYのステージを直線方向に位置決めする。機械共振の原因として，カップリングの取付け剛性が弱い，送りねじのベンディングの励起，ステージ案内の摩擦，針状ころ軸受の弾性変形，ステージの柔軟構造物としての機械振動と，いくつもの機械共振の原因が考えられる。あるいは，ステージそのものではなく，この高加減速駆動によって，ステージ全

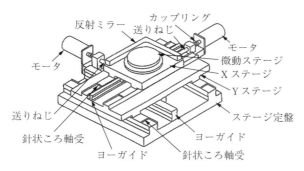

図1.6 精密位置決めステージの機械共振の特定は難しい

12   1. 緒   言

体を支持する構造物を含めた周辺機器の機械共振が励起されたのかもしれない。

　このような場合，組織的かつ系統的な方法を採用して，まずは機械共振の周波数，そして振動モードを明らかにしていく必要がある。具体的に，現物としての機械装置がまだ存在しない場合，設計図面に基づき FEM を使ったモーダル解析を実施する。一方，実物の機械がげんに存在し，これに対して機械共振の素性を明白にすることができるような行為を**実験モーダル解析**と称する。

1.7　機械振動と誤認しやすい事例（その1）
〜巻線コイルの振動〜

　本節と続く 1.8 節では，現象そのものは機械振動であるが，原因が機械ではない事例を説明する。

【プロローグ】

　CD 用の光ピックアップに対してジャンプ動作を行わせたとき，指定したトラックを確実に捕捉する必要がある。ところが，失敗する場合があった。高周波数の領域にある機械振動が原因かと思わせる現象である。

　機械を動かすために，フレミング左手の法則に基づくアクチュエータが使われる。これは，磁界をつくる磁石と，これによる磁場中に配置された巻線コイルからなり，そのコイルに電流を通電することによって力が生成される。**図1.7** は，対物レンズを上下および左右方向に動かして，ディスク面に書き込まれた音楽情報などを再生する光ピックアップの一構造を示す。フォーカスおよびトラッキングコイルが可動体に貼り付けられており，図に示していない永久磁石がつくる磁界中にこれらのコイルがある。

　図 1.7 の試作光ピックアップを使って，CD の最内周から外周にわたる音楽情報の順番どおりの再生ができることを確認した。つぎに，再生する音楽を順番どおりではなく，ジャンプさせた後に再生するという動作を行わせた。この

1.7 機械振動と誤認しやすい事例(その1) 〜巻線コイルの振動〜

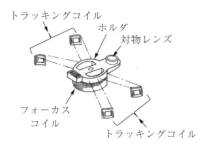

図1.7 光ピックアップの構造の一例

場合，加減速パルス信号によって，図1.7の対物レンズは動かされる。このジャンプ動作のとき，成功と失敗の場合があった。もちろん，ジャンプ動作に失敗するようでは，売り物にはできない。原因はどこにあるのか。犯人捜しをしなければならない。

【原因の探索】

フォーカスおよびトラッキング方向の光ピックアップ自身の周波数特性，そして安定化補償器を含めた閉ループ周波数特性を実測して，ジャンプ動作に成功するものと，失敗するものとの間に差異があるのかを確認した。しかし，高周波領域の周波数応答に違いはあるが，この差異がジャンプ動作の成功と失敗に結びつくのかは不明であった。

そこで，楽音再生中の光ピックアップから発せられる騒音を，市販のCDプレーヤに搭載された光ピックアップのそれと比較した。その結果，試作の光ピックアップを用いた音楽情報の再生では，ここからの騒音が市販のものに比べて多いとわかった。そうすると，対物レンズを含む可動体の剛性不足による振動がジャンプ動作の不確実性の原因と推定された。あるいは巻線コイルが電流の通電によって振動しているとも推定された。

改めて市販の光ピックアップを注視した。この巻線コイルは固められていた。一方，試験に供した光ピックアップは試作品で，機能確認に優先順位があったため，巻線コイルを固めるという処理は省かれていた。すると，巻線コイルの振動が，光ピックアップのジャンプ動作に不確実性をもたらしているお

もな原因と思われた。

ここで，巻線コイルそのものが振動することは，現象としてあり得ることなのであろうか。電磁気学を学ぶとき，以下に記載の演習問題が必ず登場する。コイルへの通電によってコイルが動かされることはじつは明らかなことだったのである。

【電磁気学における有名な演習問題】

図 1.8 は，電磁気学の科目で必ず出題される演習問題の一つである。間隔 r〔m〕の平行導線があり，図左側のように電流 I_1〔A〕, I_2〔A〕が同じ方向のとき，電流 I_1 によって，電流 I_2 を流す導線に生じる磁界 H〔A/m〕は

$$H = \frac{I_1}{2\pi r} \tag{1.1}$$

であり，かつ電流 I_2 は H と垂直である。したがって，単位長さ当りの導線が受ける力 F〔N〕は式 (1.2) である。図のように，電流が同一方向のとき引力となる。

$$F = \mu_0 H \cdot I_2 = \frac{\mu_0 I_1 I_2}{2\pi r} \tag{1.2}$$

一方，図右側のように，電流 I_1, I_2 が逆方向のときには斥力として作用する。ここで，図では，平行導線が 2 本だけで通電する電流は直流である。単純な構

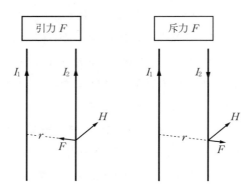

図 1.8　平行導線に電流 I_1, I_2 を流したときに作用する力

成である理由は，おもな狙いが式 (1.1), (1.2) の運用にあるからである．そのため，図の導線が受ける力 F によってもたらされる現象の記載は一切ない．

身近な現象では，劣化が進んだ蛍光管の騒音・振動がある．蛍光管では，この放電を安定させるために安定器という部品がある．電線を巻いた構造であり，微妙に振動しており，これが騒音にもなっている．

【巻線コイルを固める】

巻線コイルに対する通電によって，振動は惹起される．回避するには，このコイルを固めればよい．固めることが簡単なユニットもある．しかし，図 1.7 から明らかなように，巻線コイルは対物レンズを含んだ可動側にある．巻線を固めるワニス含浸による質量増加は，光ピックアップの性能劣化を招く．つまり，巻線コイルをしっかり固めたいが，それによる質量増加は極力抑えなければならないという制約がある．

【大推力を発生させる巻線コイル】

巻線コイルを固めたことによる質量増加をまったく気にする必要がないユニットもある．図 1.9 は電磁石のコイルである．図 (a) は，ワニス含浸を施してコイルを固めている．さらに，図 (b) では，巻線コイル全体に樹脂によるモールドを施して，完全に動かないようにしている．

CD 用の光ピックアップと同様に，大推力を発生させる巻線コイルが試作品

（a） ワニス含浸　　　　　　（b） ワニス含浸のうえ
　　　　　　　　　　　　　　　　樹脂でモールド

図 1.9　大推力を発生させる巻線コイルの処理

の場合，このコイルを固める工程が省かれることが多い．巻線コイルへの通電によって，これが振動し，そしてフレームが強制加振される．あたかも機械それ自身の剛性不足に起因した振動であるかの様相を呈する．「試作品なので製品化のときには，機械構造を含めた再設計を行えば，剛性不足に起因した機械振動の問題は解決できるでしょう」という弁明を聞いたことがある．巻線コイルが通電により振動するということを知らないのであろう．

1.8 機械振動と誤認しやすい事例（その2）
〜ビートに起因する振動〜

【プロローグ】

図1.10の構成で，リニアモータのコイルに電流を通電し，図に示していないステージの位置決めを行わせた．試作段階では，コイルへの通電をリニアア

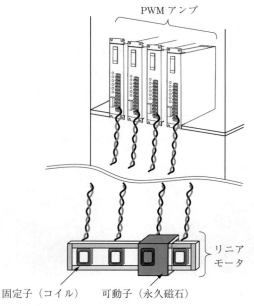

図1.10　PWMアンプを用いたコイルの電流駆動

1.8 機械振動と誤認しやすい事例(その2) 〜ビートに起因する振動〜

ンプで行っていた。しかし，製品化の際には，コストを抑え，かつ熱の発生も抑制しなければならない。そこで，市販品からPWM（パルス幅変調）アンプを選んで，これをコイルの通電のために使用した。

　図1.10は実装の様子も示している。このような装置を複数台製造したところ，試作段階で到達していた位置決めの仕様を満たすものと，未達のものに分かれた。後者の場合，図1.11のイメージ図で示すように位置の偏差波形に非常に緩慢な揺れが発生しており，これが位置決めを悪くしていた。

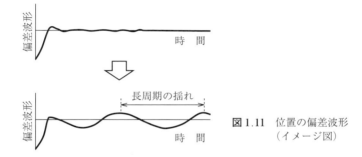

図1.11　位置の偏差波形（イメージ図）

【原因の探索】

　原因不明なとき，仮説を立てて要因を絞り込む。図1.11から，低周波数の揺らぎが生じていることがわかる。そのため，機械部品の勘合のあまさが，具体的には締付け力の弱さが原因と思われた。しかし，リニアアンプを用いた装置，およびPWMアンプを用いた装置の限られたものは仕様を満たす。したがって，PWMアンプが仕様未達の原因といえる。

　そこで，仕様未達の装置に対してPWMアンプを交換する作業が行われた。そうすると，位置の偏差波形に重畳する緩慢な揺れが消える場合，より顕著になる場合，そして不変の場合が存在した。この結果から，緩慢な揺れの発生メカニズムは不明であるが，PWMアンプが揺れの発生に関与していることだけは明確となった。

【真の原因】

PWMアンプ内には，三角波あるいは方形波を生成する発信回路がある。これは電流駆動素子のスイッチングのためであり，例えばキャリア周波数15 kHzという記載がある。

この発信回路の精度は高精度である必要はない。そのため，1台目のPWMアンプのキャリア周波数は 15.1 kHz，2台目のそれは 15.2 kHz というようにずれがある。この周波数の差分がビートノイズとして発現する。

【対　策】

発信器を一つにし，この出力をすべてのPWMアンプに供給するという対策を施す。

【ほかの事例】

図1.12では，位置決めステージ下面に圧電アクチュエータが配置されている。このアクチュエータは高電圧の印加によって伸張する特性を持つ。3か所の伸縮量のサーボ調整によって，ステージに対する鉛直および傾斜方向の位置決めを行わせることができる。

ここで，静電容量形位置センサの検出アンプには，発信器が内蔵されてい

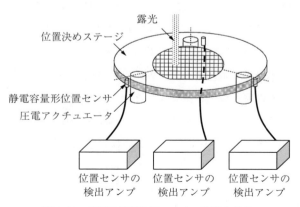

図1.12　静電容量形位置センサの複数台使用

1.8 機械振動と誤認しやすい事例(その2) 〜ビートに起因する振動〜

る。図 1.10 の PWM アンプの例と同様に，発信器の周波数の差がビートノイズとなる。低周波のビートノイズが発現したとき，**図 1.13** 上段から下段のように，左側の発信器の発信出力をほかの位置センサの検出アンプに供給することで解決できる。

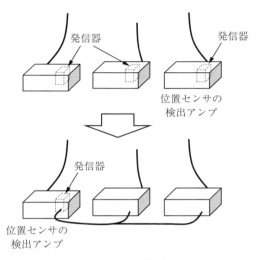

図 1.13 ビートノイズを消すための位置センサの構成

2

機械の素性を知って特性改善

「モーダル解析とは，物体のモーダルパラメータである固有モード，固有振動数，そしてモード減衰比を明らかにすること」と説明されている。しかし，この定義にこだわりすぎると，構造体の素性をとらえたいという目的すら叶えられない。

本章では，大上段にモーダル解析をふりかざすのではなく，手持ちの道具を使い，かつ工学的感性を働かせて機械の素性をとらえたとき，特性改善のための知見を得て，実際にも改善に結びつけられた事例を紹介する。

2.1 ボールねじ軸方向の共振周波数の計測で犯人捜し

【プロローグ】

建物の柱の頑丈さを感じたいとき，あるいは購入しようとする書棚が重厚な代物なのか否かを確認したいとき，使用している材料の特性値を数値として調べあげることはない。最も簡単なのは，柱を打撃したときに発生する音を聞いて，この丈夫さを感じ取ることである。見た目はきれいな書棚があったとしよう。購入するのか，断念するのかを決めたい。このとき，**図 2.1** のように軽いゲンコツの打撃を与えたときの反応音あるいは指先に感じ取れる振動から，華奢な材質なのか，あるいは長年の使用に耐えるものなのかは即座に感じ取れる。言い換えると，打撃力によって生じる振動あるいは音を定量的に数値としてとらえずとも，構造物の特性の一端は把握できる。つまり，打撃だけであっても，機械の素性はとらえられる。

2.1 ボールねじ軸方向の共振周波数の計測で犯人捜し　21

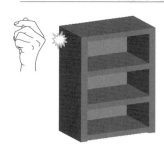

図 2.1　書棚の頑丈さを感じ取る方法

【課　題】

図 2.2 下段の吹出し内は，送り機構としてボールねじ・ナットを使った位置決めステージを示す。高速駆動を行わせると，各所で機械振動を生じる。そのため，位置決め精度・時間に課した目標仕様の達成は容易ではない。仕様を満たすには，まず振動源の特定が先決である。そのうえで対処法が見つけ出せる。つまり「どこで振動しているのか？」，「固有振動があるのか，それともないのか」という犯人捜しの優先順位が高い。

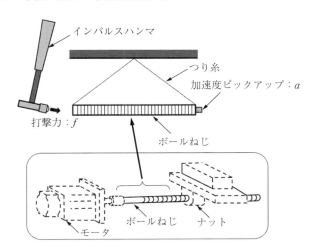

図 2.2　ステージ送り機構のボールねじの軸振動

【実　験】

図 2.2 上段は，ボールねじのシャフトの軸方向共振が，ステージの位置決めに関係しているのではないかという推定のもと，この軸方向にインパルスハン

マで打撃力 f を与えるセットアップである。組立て前のボールねじがたまたま入手できたのである。

軸方向の加速度 a を検出し，イナータンス†a/f を求めた結果は**図2.3**である。ここで，加速度 a は $[m/s^2]$，打撃力 f は $[N]$ の次元を持つ。したがって，図2.3の縦軸スケールが dB のままでは物理量の記載の観点では厳密性を欠く。しかし，ここでの目的は，軸方向に機械振動を生起する種（たね）としての共振の有無を確認することである。そして機械共振が存在しているとき，この周波数が位置決めステージの位置決め特性に影響を及ぼすのか否かを判定したい。つまり，縦軸の単位の記載に拘泥しても仕方がない。

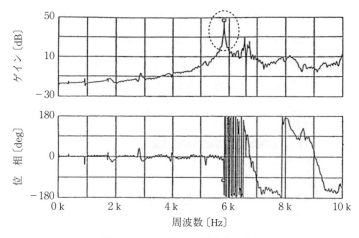

図2.3 ボールねじの軸方向の共振

この観点で再び図を参照すると，破線の楕円で囲むところに先鋭的な共振があり，これが1番目の共振である。正式なモーダル解析の立場では，固有モード，固有振動数，そしてモード減衰比を求めることになっている。しかし，位置決めに影響する可能性がある振動は低次モードである。そのため，図において破線で囲む高い周波数のモードを特定する解析は，ステージの位置決め特性をスペックインさせたいという大きな目的からは完全にそれる。

---

† イナータンス (inertance) とは，[加速度]/[力]。

なお，4.3節では，「自由-自由（フリー・フリー）」という無拘束の境界条件における部品単品のモーダル解析に対する注意事項を記載している。具体的に，ボールねじが図2.2のステージ送り機構に実装されたとき，ねじ両端は「固定-固定（クランプ・クランプ）」されているので，梁としてのベンディングの振動数は無拘束の場合よりも低くなることに留意しなければならないと述べている。図2.2上側に示すフリー・フリーの状態で梁の固有振動数を計測しても，この結果はステージ送り機構の位置決めを良好にするための使い道にはならない。したがって，図のインパルスの打撃および加速度の検出は，ともにボールねじの軸方向である。

【エピローグ】

図2.3の計測では，FFTアナライザを使用している。多彩な機能を持つ高級計測器である。そのため，単に先鋭的な共振ピークの存在だけを確認しているにすぎない図のような使い方ではじつはもったいない。しかし，共振5.8 kHzはステージ位置制御系の帯域と比較して高周波数の領域にあるとわかった。つまり，ボールねじの軸方向振動は，位置決め仕様の達成を阻害する要因ではないと断定できる。

2.2　構造体を支持する装置の固有振動数を知って位置決めを改善

【装置の動作説明】

図2.4は，ステージが構造体に搭載されている様子を示す。硬い構造体は空気ばねで支持されている。さて，構造体はステージの位置決めにとっての舞台である。つまり，母なるプラットホームといえる。したがって，位置決めにとって，空気ばねで支持される構造体の特性はぜひにも把握しておく必要がある。

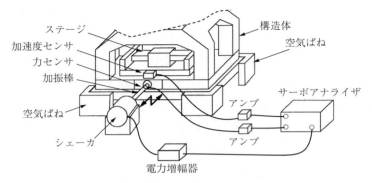

図 2.4 除振装置に搭載されたステージ

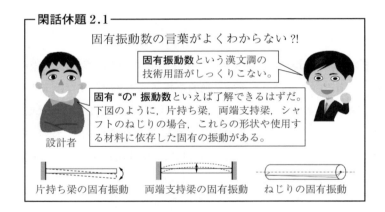

【空気ばねで支持される構造体の特性とは】

ここで特性とは何かという疑問が生じよう。砂場での疾走スピードは遅く，一方，硬い平地での疾走は速いという常識的なことを想起してわかるように，構造体が空気ばねによって柔らかく支持されているのか，それとも比較的に固く支持されているのかということである。特性値として，**固有振動数**（natural frequency）が用いられる。周知のように，質量 M〔kg〕の物体がばね定数 K〔N/m〕のばねによって支持されているとき，固有振動数 f_n〔Hz〕は

$$f_n = \frac{1}{2\pi}\sqrt{\frac{K}{M}} \tag{2.1}$$

である。したがって，K の大小は f_n の大小としてとらえられる。ここで，柔

2.2 構造体を支持する装置の固有振動数を知って位置決めを改善

らかさ，あるいは固さを知りたいのならば，ばね定数 K を数値として同定したほうがよいという意見もあるだろう．しかし，再び図 2.4 を参照して，ステージが加減速駆動されたとき，この位置の偏差波形に重畳するなどで仕様未達をもたらす直接の物理現象は構造体の揺れである．したがって，質量 M，ばね定数 K という個々の同定値よりも，固有振動数 f_n のほうがステージの位置決めに関与する直接的な物理量となる．

【シェーカを使った加振 〜イナータンス応答の取得〜】

最も簡易に構造体の揺れの特性を，すなわち固有振動数を把握する方法は，人の力で構造体を押すことである．図 2.5 は構造体を押した後の自由振動を加速度センサで計測した結果である．周期を読み取り，この逆数をとっておおよその固有振動数 f_n を知ることができる．

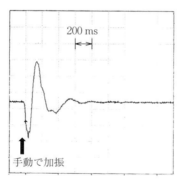

図 2.5 本体構造体を手動で加振
したときの加速度信号

さて，手動の力を印加したときの加速度信号の波形は，ピークを生じたあとの振幅がただちに小さくなっている．したがって，ダンピングがきいている状態と判断できる．そして，きれいな減衰振動波形ではないこともわかる．つまり，ただ一つの振動成分の減衰ではなく，ほかの振動成分も混合している．ここまではわかるが，振動ごとの周期を読み取ることは困難である．

そこで，より明確な空気ばねで支えられた構造体の固有振動数を把握するた

めに，この構造体をシェーカによって正弦波加振する。

すでに図 2.4 には，構造体を正弦波で加振するためのシェーカが描かれている。シェーカ先端に加振棒を付け，他端を構造体につなげて正弦波加振している。このとき，加振力 f は力センサで，構造体の揺れ a は加速度センサでそれぞれ計測しており，FFT アナライザでイナータンス a/f を求めた結果が**図 2.6**である。

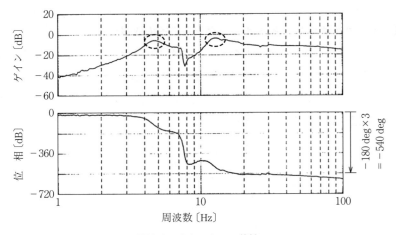

図 2.6 イナータンス特性

図上段のゲイン線図で破線の楕円で囲む部分が共振である。両ピークは先鋭的ではない。したがって，図 2.5 の減衰振動波形が即座に収束しているのでダンピングがきいていると判定した結果と一致する。そして，ゲイン曲線からは明確に視認できる共振ピークは 2 個であるが，低周波数の領域を基準とした高周波数領域の位相遅れは 540 deg（= 180 deg×3）であり，したがって 3 個の振動成分が存在しているらしいともわかる。

ここで，実験者は，図 2.4 のように加振棒をセットして，おもに水平方向に加振した。ところが，シェーカを床に置き，そこから伸ばした加振棒を構造体へ取り付けるという制約がある。そのため，構造体下部は部材の幾何中心となっている。つまり，構造体の重心は加振できてはいない。そのため工学的に

考えると，3個の振動成分が出現することが容易にわかる。具体的に，**図2.7（a）**は励起したいおもな水平並進方向の振動を示す。図（b）は構造体の重心よりも低い位置での加振によって生じるピッチングである。そして，上面図（c）は，水平方向の加振位置が重心でないためモーメントが作用することによる回転運動のヨーイングである。

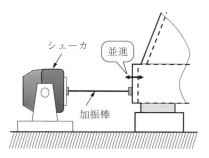
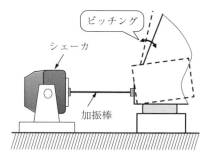

(a) 励起を狙ったおもな　　　　　　(b) ピッチングの励起
　　運動方位の並進

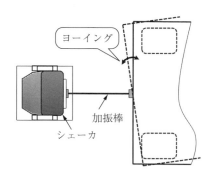

(c) ヨーイングの励起

図 2.7　3個の振動モードが存在する理由

【イナータンス応答から導いた知見の活用】

図 2.6 の計測から導いた知見は，ただちに構造体に搭載されるステージの位置決め性能を上げるものではない。そのため，性急な技術者あるいは管理者は，分析結果を示しただけで，具体性を持ってステージの性能を上げる設計手段を提供していないと批判する。じつはそのとおりである。

しかし，知見がない状態でステージの位置決め特性を有意に改善してはいけないこともまた事実である．ステージを位置決めしたとき，構造体の固有振動の影響が混入することは避けられない．この混入は図2.6の結果から少なくとも3種類は存在するはずである．この知見がない状態で，位置の偏差波形を漫然と観察しているだけでは，この波形に残存している振動成分の正体は見抜けていないことになる．したがって，位置決めの特性を改善する手段を考え出すこともできない．一方，位置の偏差波形に残存する振動成分のなかで仕様達成を阻害している成分が，図に示す本体構造体の固有振動と特定できたならば，仕様を満たす現実的な方策を見出すことができるであろう．

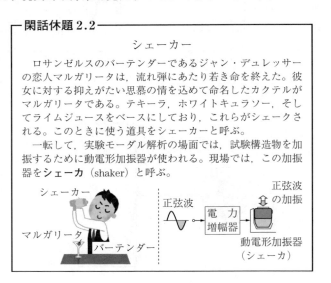

2.3　ガルバノスキャナの支持スタンドの振動を抑える

【ガルバノスキャナの応用】

図 2.8（a）のようにモータ軸に取り付けたミラーにレーザ光を照射し，これを走査する装置のことをガルバノスキャナと呼ぶ．以降では，単にガルバノミラーと呼ぶことにする．

2.3 ガルバノスキャナの支持スタンドの振動を抑える

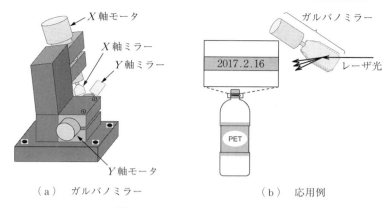

（a）ガルバノミラー　　　　（b）応用例

図 2.8　ガルバノミラーとその応用

このミラーは，レーザマーキングやレーザ加工，そしてリモート溶接など応用の場を広げている。図（b）はペットボトルの製造年月日をマーキングする使い方である。文字に多少のねじれがあっても判読できればよしとしたいが，特に日本の技術者はこだわりが強い。より鮮明な印字品質の実現を望み，そのための開発を行う。

【品質問題】

図 2.8（b）は，ペットボトルへの印字というガルバノミラーを使った応用例であった。当然に，レーザ光をラベルの所定位置に照射するための支持構造物が必要となる。

一例として，**図 2.9**（a）にガルバノミラーおよびそのホルダを支持スタンドに取り付けた様子を示す。各部の相対的な大小関係はほぼ現物と同様である。ガルバノミラーおよびモータのサイズに比べて支持構造物のほうが大きい。したがって，がっちりと取り付けられている。ミラーの回転による衝撃程度では，支持スタンドが動かされることはないはずの代物と考えられた。

さて，図（b）は，支持スタンドを用いてのガルバノミラーの位置の偏差波形である。ただし，ミラーの回転方向ではなく，これが団扇のように振動する方位の振動波形である。位置決め終了直後の団扇状の固有振動である過渡現象

2. 機械の素性を知って特性改善

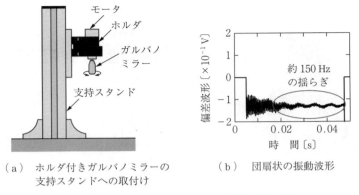

(a) ホルダ付きガルバノミラーの　　(b) 団扇状の振動波形
　　　支持スタンドへの取付け

図 2.9　ホルダ付きガルバノミラーと位置決め時の振動

の後に，約 150 Hz の揺らぎがある。ここで，位置制御系を構成しているので，ミラーの回転方向については，固有の過渡現象および不要な振動成分を除去または緩和するパラメータ調整ができる。しかし，図 2.9（b）の振動は不可制御の方位のものである。つまり，団扇状の固有振動と同様に振動 150 Hz を抑制する電気的なパラメータ調整手段は何もない。そのため，この振動は好ましくはないが放置せざるを得ないと諦めることになる。それでよいのであろうか。

【仮　説】

図 2.9（a）の外観からの直感，および手の力で支持スタンドを押し引きしたとき，びくとも動かせない事実から，支持スタンドはガルバノミラーの位置の偏差波形に重畳する振動の原因にはならないと思われた。しかし，ミラーの高速駆動によって支持スタンドの振動が励起され，これが位置の偏差波形に重畳するならば，図（b）の結果は説明される。加えて，ガルバノミラーの位置決め制御系のパラメータ調整をしても徒労に終わることも自明となる。この振動をなくすためには，振動源を遮断する手段だけが有効になる。そこで，支持スタンドの振動励起によって，位置の偏差波形にこの振動が混入するという仮説を立てた。

【仮説の検証】

仮説を検証するには，支持スタンドの固有振動数とそのモードをとらえる必要がある。正統な実験モーダル解析の立場に立つと，インパルスハンマを使って支持スタンドを打撃し，これによる振動を加速度センサで検出する。そして，計測結果を**モードアニメーション**で表示するところまでやり切れば完璧である。

しかし，150 Hz の種が支持スタンドに存在するのか否かの検証が先決である。この周波数の振動が皆無であれば，図 2.9（b）に現れている振動 150 Hz を消滅させたい当面の目的にとって，精緻に支持スタンドのモードアニメーションを表示する仕事は役に立たない。つまり，支持スタンドに打撃を与え，これに 150 Hz の振動が生じる種があるのか，それともないのかを知ることが先決である。

そこで，**図 2.10** に示すように，インパルスハンマに代えて木づちを使って打撃を行った。なお，このハンマを所有していないため木づちを使ったが，ダブルハンマリングを避けるという注意を守れるならば，振動の有無を見る目的にとって何の差しつかえもない。そして，支持スタンドへの加速度センサの貼付けを変えるごとに，打撃を与えての時間応答を取得した。計測結果を**図 2.11（a）**に示す。

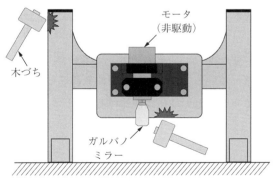

図 2.10 インパルスハンマを所有していないので木づちで打撃

32   2. 機械の素性を知って特性改善

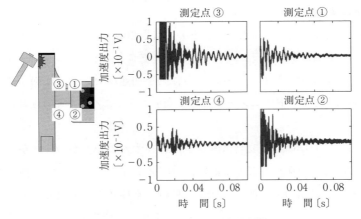

（a） 打撃を与えたときの時間応答

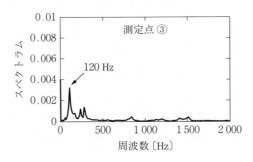

（b） 測定点③のスペクトラム

図 2.11　支持スタンドの振動

　測定点③の時間応答に対するスペクトラムは図 2.11（b）である。この図でピークの周波数を読み取ったとき 120 Hz である。図 2.9（b）の 150 Hz と数値は異なるが，近接している。つまり，低周波数の揺らぎの原因が支持スタンドに内包されているらしいという結論が導ける。

【解決法と結果】
　図 2.9（b）に示した 150 Hz の揺らぎは，支持スタンドの固有振動として存在しているらしいと図 2.11 からわかった。つぎのアクションはこのスタンド

2.3 ガルバノスキャナの支持スタンドの振動を抑える

の支持剛性を上げることしかない。

見栄えも重要な製品の場合，振動モードを考慮のうえ，さらに使用する材料，コストなども加味し，FEM を駆使して設計を行い，そして製作することになる。しかし，振動 150 Hz の種が支持フレームに存在しているとしよう。そうすると，この振動の発生を抑制，あるいはより高い周波数へ移行させれば，位置の偏差波形に重畳する 150 Hz の揺らぎが消滅もしくは高周波へ移動するはずである。この直接的な関係を実機で示せたとき，初めて支持スタンドの剛性不足が，ガルバノミラーの団扇状の方位に重畳する揺らぎの原因であると明確に断定できる。

そこで，見栄えは悪いが，**図 2.12** のように支持スタンドの支持剛性を強化した。機械設計の基礎訓練を積んでいない学生あるいは技術者であっても，図に示す工作ならば難なくできる。

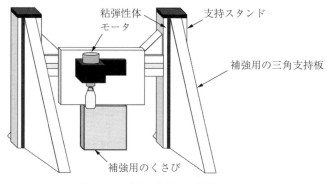

図 2.12 剛性を強化した支持スタンド

ガルバノミラーの位置の偏差波形を**図 2.13** に示す。150 Hz の揺らぎを持つ図（a）と，支持スタンドの剛性を強化した図（b）を比べたとき，明らかに後者では揺らぎの消滅が図れている。したがって，簡易的かつ予備的に行った図 2.12 の支持剛性強化を踏まえて，最終的にはより洗練した機械構造にするような設計を行えばよい。

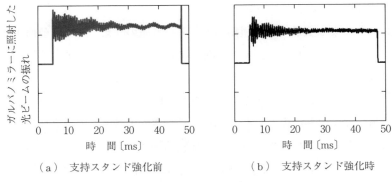

(a) 支持スタンド強化前　　　　　　(b) 支持スタンド強化時

図 2.13　光ビームの振れ

2.4　加速度センサによる触診で大型機械の重心を知る

【プロローグ】

図 2.14 は，一様密度で半径 a の半球の重心 G を求める力学演習の図面である。計算式の詳細は割愛するが，図のとおり，位置 $3a/8$ が重心となる。積分計算に手間取るが，容易かつ確実に重心は求められる。

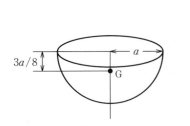

図 2.14　一様密度の半球の重心

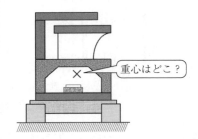

図 2.15　産業用機械装置の重心はどこ？

ところが，**図 2.15** に示す産業用機械装置の重心を解析的に求めることは，力学の演習問題とは異なり簡単ではない。装置の全体形状は対称ではないうえ，各所に異なる材料を使っている。そのうえ，装置には複雑形状の計測器や，束ねられて剛体と化した配線や配管も搭載されているからである。もちろん，構造解析ソフトを使って重心は算出できる。しかし，重心位置の算出精度

は，装置をどこまで詳細にモデル化するかに依存する．詳細なモデルになるほど，FEM の計算時間を要する．加えて，重心算出による製品の仕様向上への直接的寄与を明瞭に提示できないことが多い．つまり，知っておけば開発途上で遭遇する品質問題の分析が容易になるため，品質改善の方策を即座に提示できるであろうという程度のことが多い．そのため，重心算出の仕事に対する FEM 解析者の意欲は削がれ，いきおい重心位置の概算に留まる．

【重心位置が大事な事例】

機械装置の構成ユニットとして，計測器そして可動機構などがある．そのため，電気配線あるいは配管が引き回される．具体的に，**図 2.16**（a）は床振動の除振台への伝達を抑制するため，空気ばねで除振台を除振している装置の一部である．除振台には，計測器，可動機構などが搭載されるため，これらに対する配線・配管の引回しは必須となる．通常の場合，配線・配管はユニットごとに束ねられる．そのため，床の振動を空気ばねで除振しているにもかかわらず，束ねによって剛となった配線・配管を介して床振動は伝達する．そこで，この振動伝達を緩和するために，配線・配管の束ねを解除した．図（b）に示

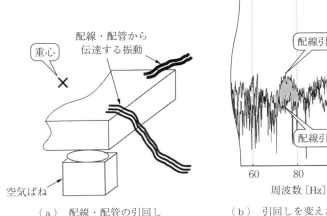

図 2.16　空気ばねで支持する除振台への配線・配管の引回し

すように，束線による引回し剛の場合と比較して，柔の場合のほうが床からの振動伝達は抑えられている。

　しかし，製品の場合，配線・配管は束線せざるを得ない。これが振動伝達の部材となって，除振台の姿勢を乱すことを避けるため，ある特許では，束ねられた部材を除振台で支える構造体の重心に向けて配置することを提案している。なるほどと思う。しかし，そもそも構造体の重心がどこにあるのかは，不明確である。そして，重心を正確に特定できても，除振台に搭載される機器の機能を阻害しないという制約条件下で配線・配管の束を重心に向けて実装することは現実的には不可能といえる。ただし，重心の位置が精密機器の性能を左右しているという事実は紛れもない。つまり，重心がどこにあるのかを知ることは大事といえる。

　図2.17（a）は定盤の重心に対してシフトした場所でステージが位置決めされたことを示す。このとき，駆動反力が定盤に作用するので，図（b）に示すようにステージの駆動と同一方向の振動 e_y，および重心とステージの距離を腕の長さとするモーメントによる回転の振動 $e\theta_z$（ヨーイング），$e\theta_x$（ピッチング）が同時に発生する。物理現象として自明である。加えて，ステージの位置決め場所に応じて定盤に対するモーメントの大きさが異なることも明らかである。そうすると，このステージ位置決めも，重心からのステージの場所に依

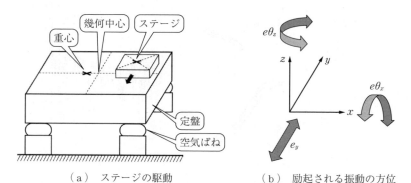

（a）ステージの駆動　　　　　（b）励起される振動の方位

図2.17　定盤の重心に対してシフトした場所でのステージの位置決め

存する。場所に依存しない位置決めの実現のためには，重心位置を知る必要がある。

【重心位置の実測】

図 2.18 は，右手系の xyz 座標で位置 (l_x, l_y, l_z) に，x 方向の加速度 a_x を検出する加速度センサが装着されていることを示す。このとき，式 (2.2) が成り立つ。同様に，y および z 方向の加速度を a_y，a_z とおいたとき，それぞれ式 (2.3), (2.4) となる。

$$a_x = \ddot{x} + l_z\ddot{\theta}_y - l_y\ddot{\theta}_z \tag{2.2}$$

$$a_y = \ddot{y} - l_z\ddot{\theta}_x + l_x\ddot{\theta}_z \tag{2.3}$$

$$a_z = \ddot{z} + l_y\ddot{\theta}_x - l_x\ddot{\theta}_y \tag{2.4}$$

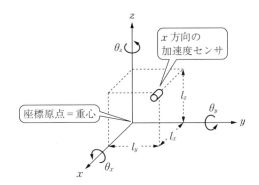

図 2.18 重心位置を同定する原理

図 2.19 は式 (2.2) を使って，y 軸方向の重心位置を探索した結果である。構造物の x 方位の加速度 a_x を計測する加速度センサを装着し，この y 軸方向の距離 l_y を変えながら，そのつどイナータンス a_x/f を計測している。l_y が重心位置のとき，つまり $l_y = 0$ のとき，加速度センサの出力 a_x に，$\ddot{\theta}_z$ の振動が重畳することはない。再び図 2.19 を参照すると，破線で囲む共振が l_y によって徐々に消滅した後，再び発現している。この振動は式 (2.2) 右辺第 3 項の $\ddot{\theta}_z$ のものであり，これが発生しない l_y が y 方向の重心位置となる。

38   2. 機械の素性を知って特性改善

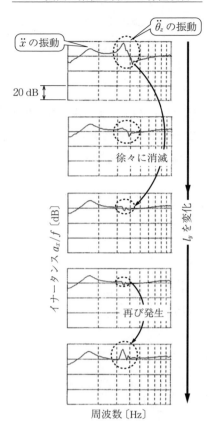

図 2.19　l_y の変化に対する
イナータンス a_x/f

同様の手順で，構造体に対する加速度センサ装着の制約を考慮し，かつ式 (2.3) や (2.4) を組み合わせることによって，重心位置を実測によって確定できる。

2.5　加速度センサによる計測で振動モードを特定し位置決めを改善

【問題発生】

図 2.20 は位置の偏差波形に重畳した振動である。位置決めステージを緩慢

2.5 加速度センサによる計測で振動モードを特定し位置決めを改善

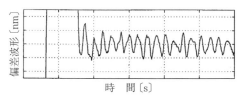

図 2.20 位置の偏差波形に重畳する振動

に駆動していたときにはなかった。ところが，生産性向上のために，ステージの加減速駆動を急峻にした途端に，位置決め精度および時間を大幅に劣化させる振動が励起された。加減速駆動を落とせば振動の励起はない。しかし，それでは生産性向上の達成を断念することになる。

振動抑制の方法は二つである。一つ目は，急峻な加減速駆動に適合するように，位置制御系を再調整することである。二つ目は加減速駆動に起因する反力によって周辺ユニットの機械振動が励起されたならば，これを抑制する対策を施すことである。後者の立場に立ったとき，最初に行うべきアクションは振動源の特定である。

【探索行為】

距離減衰の効果を考慮すると，ステージの加減速駆動による反力で励起される機械振動は，ステージ周辺部からのものと考えられた。そこで，まず触診を行った。

図 2.21 左側のように，部位を変えての触診を繰り返して，位置の偏差波形に重畳する振動源と思われる機械ユニットを特定している。つぎに，図中央に示すように，触診で機械振動が確かに存在し，かつこの方位も感じ取れた後に，この感覚が確かであることを実証するために加速度センサを当てている。この計測によって，振動の周期が読み取れる。これと図 2.20 に残留する振動の周期が一致したとき，ほぼ図 2.21 で塗りつぶした箇所が振動していることがわかる。さらに，図 2.21 中央に示すように，加速度センサを設置する位置を変えて振動の大きさを確認する。すると，図 2.21 右側において，破線で示

40   2. 機械の素性を知って特性改善

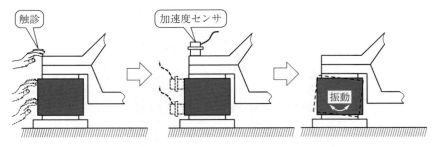

図 2.21 触診による振動源の特定，加速度センサによる計測，そして振動モードの解明

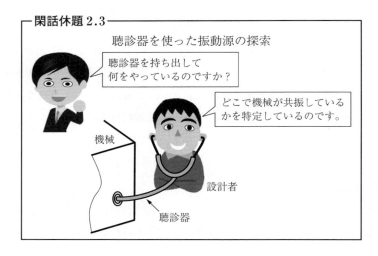

す振動が励起されていると判明する。

【対策とその効果】

　図 2.21 右側に示す振動モードならば，これが励起されない構造にすればよい。構造体を再製作できない大型装置の場合，現状の構造に対して補強を行う手段しかない。

　まず，試みとして**図 2.22** に示すように，くさびを打ち込んだ。このときの位置の偏差波形は**図 2.23** である。図 2.20 の波形と比較して明らかなように，位置決めステージに混入し，残留振動となって位置決め精度および時間を劣化

2.5 加速度センサによる計測で振動モードを特定し位置決めを改善

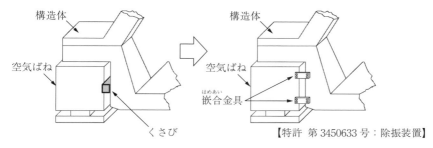

図 2.22 くさびを打ち，つぎに嵌合金具で補強

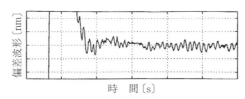

図 2.23 空気ばねユニットの振動を抑制したときの
ステージの位置の偏差波形

させていた原因を封じ込めている。

　屋根裏の柱の接合部の緩みを矯正するとき，大工さんはくさびを打ち込む。この手段を使ったのである。もちろん，普段は目にしない天井の奥ならば，くさびは打ち込まれたままでよい。しかし，製品としての機械制御装置の場合，くさびを打ち込んだままの姿ではまずい。そのため，図 2.22 右側に示す嵌合金具を設計し，これを製品に組み込む。

2.6　超精密位置決め機器の位置信号に振動が重畳

【問題発生】

　設計・製造後に多大の時間をかけて調整した超精密位置決め機器が，図 2.24 中央に描かれている。一方，図左上の吹出し内に示す位置決め装置は，窓の開閉を行う機能だけを持ち，位置決めにおいて高い精度を必要としない。そのためコストを抑えたい。設計・製造コストのみならず，位置決めに関する調整コストも下げたい。多くの場合，アクチュエータとしてステップモータを採用する。

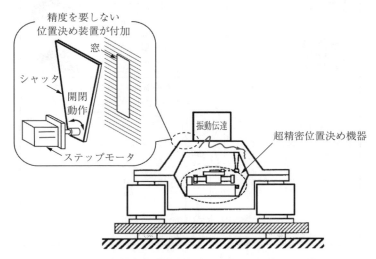

図 2.24　超精密位置決め機器に重畳する振動源の正体

2.6 超精密位置決め機器の位置信号に振動が重畳 43

　ところが，ステップモータの駆動に同期して，超精密位置決め機器の位置信号に振動が重畳する問題を引き起こした。

【ステップモータを使った位置決め装置が安い理由】

　安価な位置決め装置を実現したいとき，アクチュエータとしてステップモータを採用する。DC/AC モータをアクチュエータとして採用した場合に比べて，なぜ安価になるのかを**表 2.1** に整理した。

表 2.1　DC/AC モータとステップモータを使用したときの差異

	DC/AC モータ	ステップモータ
センサの有無	センサあり　エンコーダ，タコジェネレータ　DC/AC モータ	センサなし　ステップモータ
制御方式	閉ループ制御	開ループ制御
調整とコスト	・安定性を確保する補償器の調整要 ・制御工学のスキル必要 ・人件費コスト高	・補償器なしのため調整不要 ・駆動プロファイルの設計 ・人件費コスト低
機械振動の問題	・励起されるが閉ループ系の補償に工夫の余地あり	・容易に励起

　表の1段目はモータに取り付けるセンサの有無に関しての違いである。DC/AC モータ使用の場合，ロータ回転時の状態を検出するセンサを備える。具体的に，速度検出の場合にはタコジェネレータ（TG）を，回転角度の検出

44   2. 機械の素性を知って特性改善

の場合にはエンコーダを備える。一方，ステップモータの場合，ロータの回転
状態を検出するセンサはない。したがって，後者のステップモータ採用のと
き，センサがない分だけコストは安い。

　2段目はセンサの有無に関連した制御方式の違いを示す。DC／AC モータを
使った場合，このモータの駆動軸に接続されたタコジェネレータの出力を
フィードバックする速度ループとともに，位置決めステージの位置を検出する
レーザ干渉計の出力をフィードバックする位置ループを備える。つまり，各セ
ンサの出力をフィードバックする閉ループ制御が施される。一方，ステップ
モータを使用した場合，センサ出力のフィードバックはなく，ドライバに入力
するパルス信号の数によって回転角が決められる開ループ制御となる。

　「閉と開」という制御方式の違いは，3段目の調整とコストの違いとなる。
すなわち，閉ループ制御の場合，安定性を確保する制御器（補償器とも呼称）
の調整が必要であり，制御工学のスキルを持つ技術者がこの仕事を担う。つま
り，人件費を要するのであり，これがコスト高となる最大の要因となる。

　最後の4段目は，機械振動が励起されたときの対応の違いを簡単に記載して
いる。DC／AC モータを使った閉ループ制御の場合，補償器に工夫を施す余地
がある。一方，ステップモータ使用の開ループ制御の場合，生産性を上げるた
めに高速化すると容易に機械振動が励起される。

【ステップモータの駆動による振動の低減手法と現実的な対応】

　ステップモータを使って振動が励起されたとき，これを低減する下
記（1）〜（4）の方法が，テキスト[†]に列挙されている。

（1）　使用速度の調整：機械共振は，この固有振動数とステップモータを駆
　　　動する入力パルス周波数が一致したときに発生する。したがって，共振
　　　回避のためには，負荷の運転速度を変える。あるいは減速比を変えるな
　　　どの処置を施す。

　[†]　武藤高義：アクチュエータの駆動と制御（増補），pp.103-104，コロナ社（2004）

2.6 超精密位置決め機器の位置信号に振動が重畳 45

（２） 負荷の調整：負荷に作用する粘性を増せば，共振時の振幅を小さくできる。そのための機械要素として機械式ダンパを採用する。

（３） モータ印加電圧の低圧化：共振時の振幅は印加電圧にほぼ比例する。つまり，印加電圧の低圧化によって機械共振の影響を抑え込める。

（４） その他：① 励磁方式の変更，② モータの変更，③ 振動エネルギーを電気的に吸収する電気式ダンパの採用。

上記（１），（２），（４）で下線を施した箇所については，共振回避の実務的な言葉で言い換えられる。以下のとおりである。

（１′） 運転速度を変える → 速度プロファイルの変更：自起動周波数の調整

（２′） 機械式ダンパ → ダンパロールの装着：ダンピングの付与

（４′） 励磁方式の変更 → マイクロステップ駆動の採用：ステップモータの機械的に定められたステップ角を，電子回路によってより細かく分割し，微小角度で回転させる駆動方式である。通常の駆動に比べて滑らかな回転駆動となるので機械振動の励起が抑えられる。

ここで，機械装置の再設計が容易にできるものと，できないものがあることに注意しなければならない。後者の場合，振動低減のための対策は上記（１′）だけである。つまり，コストを下げるために，ステップモータをアクチュエータとして採用し，これを図 2.24 の装置の所定箇所に組み込んだのである。このままの状態で，より具体的に周辺機器の設置および運用に影響を及ぼさないで振動低減を図ろうとしたとき，速度プロファイルの変更という手段しかない。

実施例を表 2.2 に示す。表（ａ）の速度プロファイルはステップ状である。一気に立ち上げ・立ち下げを行わせて位置決め時間の短縮を図りたい狙いがある。ところが急峻な送りと停止動作であるため，振動伝達のように超精密位置決め機器の位置決め信号に振動が重畳したと考えられた。そこで，位置決め時の加減速駆動を表（ｂ）に示す速度プロファイルのように送りと停止の動作を緩やかにした。ところが，超精密位置決め機器の位置決め信号に重畳する振動を大幅には抑えられないという結果になった。

表2.2 速度プロファイルの変更による振動低減の試み

	（a）急峻な送り動作	（b）緩和した送り動作
速度プロファイル	2 500 pps / 2 000 pps、時間	時間
振動伝達	20 nm	加速／定速、20 nm

　機械的な振動対策の基本は，振動源の振動の遮断である。したがって，**図2.25**に示すように，ステップモータの出力軸にダンパロールを付加し，振動を吸収してしまえばよいと考えられる。すなわち，上記の対策（2'）である。ここで，ダンパロールとは，一般的には粘性ダンパのことを指す。これは，ゲル状の流体とモータシャフトと連結する慣性体とをダンパ内に組込み封入し，粘性抵抗で振動を吸収するという仕組みを持つ。

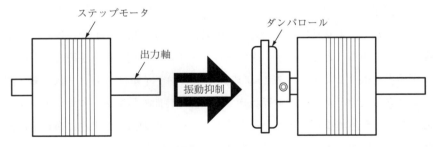

図2.25　振動吸収のためのダンパロール

　もちろん，表2.1の制御方式の右側に示す位置決め装置がスタンドアローンのとき，図2.25に示すダンパロールを付加する設計変更は容易である。実装にあたっての技術的な障害は一切ない。ところが，ステップモータを使った位

置決め装置が，図 2.24 の吹出しに示すように，大型装置における一つのユニットとして組み込まれている場合，振動対策のためにダンパロールを装着させることは，技術的には不可能ではないものの，実施を断念せざるを得ないことが多い。

　具体的には，大型装置への組込みスペースに制約があるからである。ステップモータのシャフトにダンパロールを取り付けるだけであるが，この実現には大型装置の構造体に対しても追加工を要する。すでに，この装置に重要な計測機器が搭載されているとき，これらを外して構造体に追加工する手戻りは，出荷に一番の優先順位を置く生産装置においては許されない。すなわち，ステップモータを使った位置決め装置が，図 2.24 のように組み込まれた状態のままでの振動対策を要求される。

【恒久的な対策】

　再び図 2.24 を参照して，コストを要する超精密位置決め機器があるが，装置全体のコストを可能な限り抑えたい。そのため，位置決め精度を要しない位置決め機器には，コストの安いステップモータを採用した。二つの位置決め機器の距離は離れている。したがって，振動源となるステップモータに振動が存在しても，距離減衰の効果によって，超精密位置決め機器に及ぼす悪影響は僅少であろうと信じた。

　ところが，2 種の位置決め機器は，同一の構造体に設置されており，ステップモータの駆動による振動が減衰の悪い構造体を伝播する。つまり，ステップモータの振動を皆無にしなければ，超精密位置決め機器に影響することは避けられない。現在，超精密位置決めの分野では，位置精度を要しないユニットであっても，ステップモータが同一の構造体に搭載することはない。すなわち，DC／AC モータを用いての閉ループ制御方式を採用しているようである。

2.7 振動抑制のために多用するゴム

2.7.1 とりあえずゴムを敷いてうまくいった例
【問題発生】

図 2.26 左側を参照すると，計測装置 3 台が積み重ねられている。この装置を使っての実験は順調に行われていた。しかし，しばらくの運用後に，騒音が顕著となった。最下段の装置には，ハードディスク（HDD）が内蔵されており，このスイングアームの動きに同期した騒音であった。加えて筐体を触診すると振動していた。

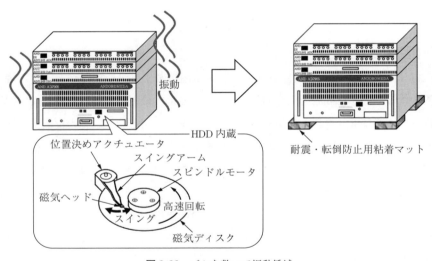

図 2.26　ゴムを敷いて振動低減

このまま放置すると，HDD のスイングアームが磁気ディスクにクラッシュするという物理的障害を引きおこしかねない。つまり，図の計測装置の故障を招く可能性が高いと考えられた。

2.7 振動抑制のために多用するゴム   49

【対　策】

振動対策の原初的な対応は，ゴムを用いることである．そこで，試みとして図右側に示すように，耐震・転倒防止用粘着マットを敷いた．加えて，3種類のユニット間にもマットを挿入した．その結果，騒音は皆無となり，同時に筐体の振動もなくなった．

2.7.2　とりあえずゴムを敷いて失敗した例

【問題発生】

製造が進捗して，図 2.27 に示す装置本体の裏側に機械室（動力源）を取り付けたとき，振動問題が発覚した．具体的に，装置本体のなかには精密機器が組み込まれており，この機器に振動が重畳するようになった．

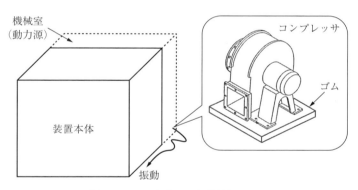

図 2.27　ゴムを敷いて振動増幅の例

【対　策】

図の吹出し内はコンプレッサであり，この回転数と装置本体に実装されている精密機器の位置の偏差波形に重畳する振動が一致した．コンプレッサの回転に起因する振動が抑えられれば，精密機器の位置決め精度向上，および位置決め時間短縮が図れることは明らかである．

振動対策の基本は，ゴムを使ってダンピングを与えることである．そこで，図の吹出し内のように，コンプレッサの底にゴムを敷いた．この振動が精密機

器に伝播しないことを期待した。ところが，精密機器の位置の偏差波形に重畳する振動はゴムを敷いたほうが大きくなった。ゴムを使えばつねに振動抑圧が図れるという単純な話にはならないのである。ゴム選定の方法に関しては2.7.4項で詳述する。

2.7.3 空圧アクチュエータであるノズルフラッパ型サーボバルブの機械振動低減

【ノズルフラッパ型サーボバルブを使用する装置の説明】

図2.28左側は，除振台上に精密な位置決めステージを搭載している写真である。このステージに振動を入れてはならないので，弱いばね定数を持つ空気ばねによって，除振台は支えられる。

図2.28 空気ばねへの空気の吸排気を担うノズルフラッパ型サーボバルブ

空気ばねへの空気の吸排気は，図2.28右側の吹出し内に示すノズルフラッパ型サーボバルブ（NFSV）がその役割を担っている。このバルブは電気的にはトルクモータである。その直接的な機能は，トルクモータのコイルに通電する電流の大きさと空気を通す弁の開閉面積の変化が比例関係にあることを使って，空気の流入量を可変にすることである。

【ノズルフラッパ型サーボバルブの構造と振動源】

図2.29にNFSVの内部構造を示す。コイルの電流通電によって，アーマチャ（電機子）は回転角 θ だけ傾く。アーマチャ下端を参照して，θ の大きさによって，フラッパ空気の通路となるノズルを閉じる，あるいは開くという動

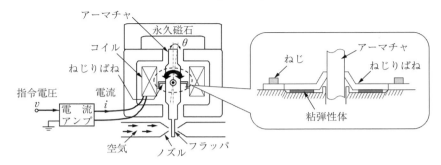

図 2.29　NFSV の内部構造

作となるため，空気供給量を連続的に変えられる。

アーマチャが傾斜する中心は図に示す 2 重丸印の箇所である。そして，通電電流によるアーマチャの吸引力と釣合いをとるため，ねじりばねがある。アーマチャの慣性モーメントを J [kg·m^2]，ねじりばね定数を k_{tor} [N·m/rad] とおいたとき，共振周波数 f_r [Hz] は

$$f_r = \frac{1}{2\pi}\sqrt{\frac{k_{tor}}{J}} \tag{2.5}$$

である。

積極的にダンピングを付与していない機械構造のため，鋭敏な共振特性となる。図 2.29 左側において，指令電圧 v からコイルに流れる電流 i までの周波数応答を計測した。**図 2.30** が結果である。図の縦長楕円で囲む部分は，式 (2.5) に従うアーマチャの共振である。空気を動作流体とした空気ばねによって支えられる除振台の質量は大きい。つまり，除振台を動かしたときの揺れの周波数，言い換えると固有振動数は 2 Hz 程度である。一方，NFSV のアーマチャの固有振動数は図より 600 ～ 700 Hz であり，それは除振台の固有振動数 2 Hz に比べてはるかに高周波数である。そのため，アーマチャの共振は存在するが，無視してもよいと考えられる。

【振動低減の対策】

共振を緩和するためにはダンピング要素を付与すればよい。そこで，図

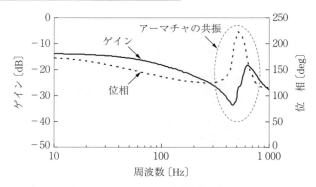

図 2.30 アーマチャの共振が観測される電流アンプの周波数応答

2.29 右側の吹出し内に示すように，ねじりばね下面に粘弾性体を挿入した。ねじりばねが変形したとき，粘弾性体の変形をもたらすので振動の吸収が行われる。

【効　果】

図 2.31 のマニホールドの箇所に，振動を検出する加速度ピックアップを取り付けた。そして，NFSV を使った空圧式除振装置を定常の稼働状態にして，振動の様子を比較した。

図 2.32 左側は，粘弾性体を挿入していない通常の場合，そして右側は挿入した場合である。明らかに，後者では機械振動の低減が認められる。NFSV の

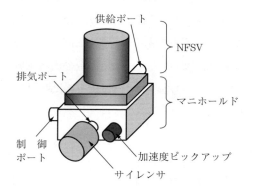

図 2.31 振動低減の効果を見るための加速度ピックアップの装着

2.7 振動抑制のために多用するゴム

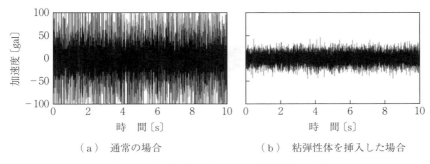

(a) 通常の場合　　　　　　　(b) 粘弾性体を挿入した場合

図 2.32　粘弾性体の有無による機械振動の差異

取付け部位によっては機構部品の局所振動を招くことがある．機械振動を抑えた図右側のほうが，好ましいことはいうまでもない．

【耐久性にかかる懸念】

粘弾性体の変形によって，機械振動が吸収される．空圧式除振装置は連続的に稼働させており，したがって粘弾性体も繰返しの変形を受ける．つまり，粘弾性体の耐久性が実用化の際には課題となる．粘弾性体を使った機械振動の吸収という観点に焦点を当てており，耐久性の試験は行っていない．

2.7.4　防振ゴムの選定方法

真空ポンプやコンプレッサなどの回転機械の振動が床を揺すり，装置に伝達して悪影響を及ぼす．このような事態は，じつによくある．そのようなとき，何とか床への振動伝達を減らそうとして，回転機械の下にゴムを敷く．具体的に，拾ってきたゴムの塊のようなものを，回転機械の底面と同じくらいの面積で敷いている**図 2.33** の風景をよく見かける．結果として，この防振対策はうまくいかないことが多い．かえって振動伝達量を大きくすることがある．まるで，ゴムを「振動を消してくれる魔法の素材」とでも思っているかのようだ．除振にかかわる基本的知識がないことがこのような間違った対応をさせてしまう．感覚的にいえば，「これくらいで大丈夫だろうか」と感じるくらい柔につ

2. 機械の素性を知って特性改善

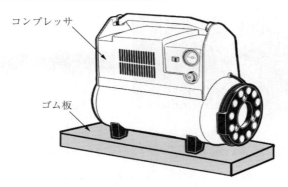

図 2.33　ゴムをベタ置きした不適切な対策例

くらないと十分な除振はできない。

振動のテキストを見ると，除振系の特性を示す目的で，図 2.34 に示す 1 自由度振動系の振動伝達率を，減衰比 ζ をパラメータとして図示している。横軸は，入力する振動の周波数 f と除振系の固有振動数 f_n との周波数比 $\lambda = f/f_n$ である。ζ の大きさにかかわらず，$\lambda = \sqrt{2}$ で振動伝達率は 1 となり，それ以上の周波数で振動伝達率は 1 を下回る。逆に $\sqrt{2}$ 未満では，振動伝達率は 1 よりも大きくなる。すなわち，振動は増幅される。このことを忘れてはならない。ゴムを振動源の下に敷き詰めると，たいていの場合 λ が $\sqrt{2}$ よりも小さくなる。

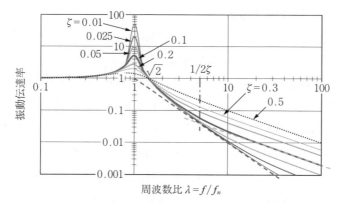

図 2.34　減衰比 ζ を変えたときの 1 自由度振動系の振動伝達率の比較

2.7 振動抑制のために多用するゴム   55

そのため，除振がうまくいかない。例えば，振動の周波数が 25 Hz であったとき，除振系の固有振動数は $25/\sqrt{2}=17.7$ Hz よりも低くなければ意味がない。つまり，振動伝達率を議論するとき，周波数比 λ を抜きにしては検討できない。

さて，図 2.33 において，どこかから拾ってきたゴム板を敷いたときの振動源の上下方向の固有振動数はどのように見積もればよいのだろうか。1自由度系の固有振動数 f_n〔Hz〕は，質量 m〔kg〕，ばね定数 k〔N／m〕を用いて次式と表せる。

$$f_n = \frac{1}{2\pi}\sqrt{\frac{k}{m}} \tag{2.6}$$

しかし，現場的な視点で，ゴム板のばね定数を知るのは簡単でない。ここで，1自由度系の固有振動数を簡単に見積もるための式を紹介する。

式 (2.7) は重力加速度 g による自重がかかったときのたわみ量 δ，すなわちフックの法則 $mg=k\delta$ を用いて固有振動数 f_n を表現している。活用の便のため，δ の単位を cm で示す。

$$f_n = \frac{1}{2\pi}\sqrt{\frac{g}{\delta}} \fallingdotseq \sqrt{\frac{250}{\delta〔\mathrm{mm}〕}} = \frac{5}{\sqrt{\delta〔\mathrm{cm}〕}} \tag{2.7}$$

式 (2.7) を用いて，既述の除振系の最低固有振動数 16.7 Hz のときの δ を求めると，0.09 cm となる。つまり，振動源をゴムの塊の上に置いた際に，自重によって 1 mm 程度以上振動源が沈まなければまったく除振ができていない。

全然だめな状態を判断する方法はわかった。つぎに知りたいことは，振動の伝達量を例えば 1／10 に減らすには，どのような防振ゴムを使えばいいのかというテーマであろう。そこで，振動源に対する除振率の目標を決めて，適切なゴムを選択する方法について説明する。

一般的なゴムの減衰比 ζ は 0.1 程度であるため，図 2.34 中の $\zeta=0.1$ の振動伝達率を参照する。例えば振動伝達率を 1／10 にしたいとしよう。このとき振動伝達率が 0.1 となる λ は約 3.4 と読み取れる。これからまず 25 Hz の振動の除振に対して必要な除振系の固有振動数 f_n を求めると約 7.4 Hz となる。さらに，式 (2.7) から $\delta=4.6$ mm となる。えーっ，という悲鳴が聞こえてきそう

56   2. 機械の素性を知って特性改善

だ。4.6 mm もたわむためには，ゴムは相当に厚く，かつ柔らかくしなければならない。さらに，使用する面積もかなり小さくしなければならない。このことが，直感的に理解される。なお，除振のためのゴムでは，耐荷重の制限（カタログで確認可）にも留意する必要がある。

ところで，図 2.34 の振動伝達率は式 (2.8) である。

$$振動伝達率 = \sqrt{\frac{1 + (2\zeta\lambda)^2}{(1 - \lambda^2)^2 + (2\zeta\lambda)^2}} \tag{2.8}$$

もちろん，計算ソフトを使って式 (2.8) のグラフは容易に描ける。そのため，両対数のグラフ用紙は入手しにくいかもしれないが，このグラフを手元において，以下のようにして式 (2.8) の概略形状を近似的に描ける。描くことによって，振動対策の方策を考察する素地を養うことができる。

まず，図 2.34 の座標 (振動伝達率，周波数比 λ) = (1, 1) から -40 dB/dec（横軸 10 倍に対して縦軸 1/100 の傾き）の破線の補助線を引く。つぎに，この補助線と周波数比 $\lambda = 1/2\zeta$[†1] から垂直に下ろした線（図中の一点鎖線）との交点を求める。さらに，この交点から -20 dB/dec（横軸 10 倍に対して縦軸 1/10 の傾き）の破線で示す補助線を引く。最後に，λ が 1 より十分小さいところで式 (2.8) の振動伝達率は 1（0 dB）であり，点 $(1, \sqrt{2})$[†2] と二つの補助線の交点とを通るようにして，両補助線に漸近する曲線を描けばできあがりである。

ここで，式 (2.8) のグラフが各種ゴム素材の減衰比 ζ に応じて用意されていれば，ゴム素材を含めた適正な選択に役立てられる。例えば，一般的なシリコンゴムの ζ は比較的小さいので，周波数比 λ が大きい条件で防振ゴムを選択できる場合には，より良好な除振率を得ることができ，有利である。

[†1] $\lambda = 1/2\zeta$ は，後出の図 2.50 において，折点周波数 $f = K/(2\pi D)$ に相当する。ここで，K は空気ばねのばね定数，D は粘性係数である。

[†2] $\lambda = \sqrt{2}$ を式 (2.8) に代入すると，$\{(1 + 8\zeta^2)/(1 + 8\zeta^2)\}^{1/2} = 1$（0 dB）と確認できる。

【まとめ】

防振ゴムは振動を吸収する魔法の素材ではない。ただ敷けばよいというわけではない。不用意な使用は，除振系の固有振動数の設計を誤り，かえって振動を増幅させてしまう。

回転機械などから発生する振動を防振・除振するためには，発生する振動の周波数よりも十分に低い固有振動数を有する除振系を構築する必要がある。そこで，現場的な適用に便利な，自重によるたわみ量を用いた固有振動数の見積り方法を示した。これにより，直感的に適切な除振系が実現できているかどうか判断できる。

さらに，この見積り方法と1自由度系の振動伝達関数とを用いて，除振率の目標を達成するために必要な防振ゴムの条件を簡単な方法で求められることを示した。

2.8　代表的な外部外乱：床振動，騒音の伝達モデル（SEM を例にして）

【プロローグ】

賢明な読者には信じられないかもしれないが，外乱による振動問題が装置に発生したとき，さしたる根拠を持たないまま「原因はこれだ」と決めつけて，仮説もしくは妄想に基づいた対策案を数か月かけて試作・評価し，効果がなかったときに「やっぱり振動は難しいね」などと笑ってごまかしていた人がいた。

また，振動に関する知識をまったく持たないにもかかわらず仕事を任されたのか，まるで未知の分野に対する一つの学問体系を初めからつくりあげようとしているかのような報告書を読んだことがある。これらのような極端にひどい例は別として，新たな問題に取り組む際には，対象をいかにわかりやすくモデル化するかが効率的な解決のために重要である。

【方　法】

装置を構成する各要素のつながりを図示し，外乱がどのように伝わってくるかをモデル化することによって，全体が見えやすくなる。**図 2.35** に走査型電子顕微鏡（SEM）の概略構造を示す。SEM の像振動による観察分解能の低下の原因は，試料ステージの振動である場合が多い。主たる外乱要素は，床振動と周囲の騒音である。そこで，これらの外乱がどのような経路で装置に入力し，試料ステージに伝達するのかを **図 2.36** のようにモデル化した。図の [Aco.] は騒音入力を意味する。なお，図 2.36 には図 2.35 の概略図に描かれていないほかの機構要素も示されている。

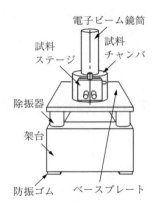

図 2.35　SEM の概略構造

　まず，床振動の伝達に注目する。おもには，防振ゴムを介して架台に伝達し，架台上部の除振器（エアマウント）で除振されてベースプレートに伝達し，試料チャンバ，試料ステージの取付け面を介してステージへ伝達されるものである。各伝達経路には，各構造の固有振動モードや減衰比に起因する周波数伝達関数が乗じられる。このように示すことで，床振動の試料ステージへの周波数伝達関数は，エアマウントの周波数特性だけではなく，架台と防振ゴムによる固有モードも影響していることが理解される。

　つぎに，主たる経路以外にも，床に設置された高圧電源から電子ビーム鏡筒へ直接接続されている比較的硬く重い高圧ケーブルや，各種電源コンソールか

2.8 代表的な外部外乱：床振動，騒音の伝達モデル（SEM を例にして）

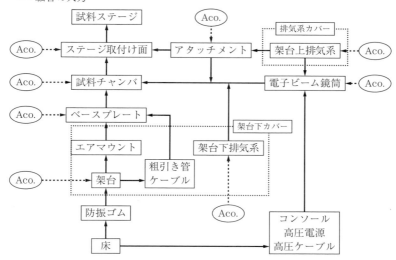

○各騒音入力には対象の固有振動特性や幾何形状による周波数伝達関数が乗じられる。
○各振動入力には固有振動特性や摩擦減衰等による周波数伝達関数が乗じられる。

図 2.36 SEM の試料ステージへの騒音・振動入力モデル

らの電気配線を介した振動入力経路が存在し，また装置外から架台に固定された粗引き用真空ポンプからの配管や電気ケーブルなどがベースプレートに接続されている。これらからの振動入力経路も存在する。

一方，騒音に注目すると，これは大気に触れている装置の全表面から入力していることが理解される。騒音が入力した各要素において，騒音は振動へ変換され，それぞれの固有モードによる周波数特性で増幅され，機械的に接続する各要素を介して，試料ステージに伝達し，このステージの固有振動を励起する。騒音により励起されたベースプレートの固有モードによる像振動の励起の問題とその解決事例については，4.5 節で詳しく述べる。

【まとめ】

外乱の入力経路を可能な限りあますことなくモデル化することにより，調査

60   2. 機械の素性を知って特性改善

すべき対象の漏れを防ぎ，また対策したうちでどの要素が重要であったか，そしてまだ行われていない対策がどの部位にあるかを把握できる。少々遠回りに感じるかもしれない。しかし，思い込みによる場当たり的な対策と失敗を繰り返すのを避けるためにもモデル化をお勧めしたい。もちろん，最初から完全なモデルを描くことは不可能である。新たな知見が得られるたびに更新されるべきであり，これは次期装置，また類似の装置開発時にも役立つ。

2.9　音って何だっけ？　騒音が装置を揺するのはなぜか？ 　　　〜騒音の入力モデル〜

【プロローグ】

　騒音の伝達モデル（図2.36）で説明したように，騒音外乱は大気に接する装置全表面から入ってくる。しかし，できれば入ってきてほしくない。ところで，そもそも外乱としての音の物理的なイメージは把握できているだろうか。

【物理イメージ】

　一般的に，音は空気などの媒質について粗と密の状態が縦波として伝播するものと説明されている。室温の空気における音の伝播速度vは約$340\,\mathrm{m/s}$であり，周波数をf〔Hz〕，波長をλ〔m〕としたとき$v=f\lambda$となる。これだけの情報で，音が装置にどのように入力するか考えられるだろうか。なかなかできない。粗密という言葉から受けるイメージが密度であるためである。装置への騒音入力を考える際には，音は圧力の変化が伝播するものとしたほうがわかりやすい。音とは圧力の変化なのである。この圧力の分布というイメージと，周波数に依存する音の波長，そして位相の概念を用いて，装置に騒音が入力する様子を**図2.37**で説明する。

　図はSEM上方に点音源が存在し，正弦波の音を発している様子を示す。点音源から同心円状に広がる線は同一位相の波面である。実線で示す波面に対し，一点鎖線は位相が90°遅れている。そして二点鎖線は位相がさらに90°遅

2.9 音って何だっけ？騒音が装置を揺するのはなぜか？～騒音の入力モデル～

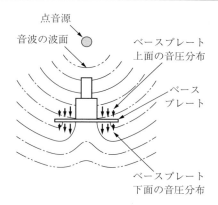

図 2.37 騒音の入力モデル

れ，実線の波面と位相が反転している．点音源からの音はベースプレートを通過できないため，端面において回折しベースプレート下面に回り込む．図には回り込んだ後の波面も描かれている．

さて，この伝播する音，すなわち空気の圧力によって，ベースプレートにどのような力がかかるか想像してみよう．図に示したように，二点鎖線の波面により，ベースプレート上面の圧力が相対的に最も高くなり下向きの力がかかったと考えよう．このときベースプレート下面に回り込んだ音波の位相が上面に対して180°ずれていれば，ベースプレート下面の圧力は相対的に最も低くなり，このプレートを下向きに引っ張る力が発生する．この状態がベースプレートに対する音波の入力が最も大きくなる状態となる．この力は音波が進むに従い周期的に変化し，結果としてベースプレートを上下方向に加振する．この位相条件が成り立つのは，ベースプレート上下面で音波の位相が反転する場合である．

音波の周波数を 340 Hz とすると，室温における波長は約 1 m となる．位相が反転する空間の距離は 0.5 m である．一方，ベースプレートの幅はおよそ 1 m 程度であるので，ベースプレート上下における位相差は音の入力が大きくなるという条件に近くなる．すなわち，この周波数付近の騒音に対しては，ベースプレートが音を拾いやすい．

一方，低周波音 20 Hz の波長は約 17 m となり，このときベースプレート上

下で音の位相差は非常に小さくなる。そのため，音を拾いにくい状態となる。このように，騒音が装置に入力するときの物理的イメージを思い浮かべる際には，装置の代表長さと音の波長との関係を頭に入れておくことが重要である。例えば，多数の穴をあけた板金が音を拾いにくい理由は，音波が穴を通るために板金の両面における音の位相差が少なくなるからである。

【まとめ】

音を圧力変化の伝播ととらえると，装置に対する騒音入力のイメージをつかみやすい。装置の代表長さと波長とのオーダが近くなると，騒音が装置に入力しやすくなる。

2.10　遮音構造の原理とその欠点の克服事例

【プロローグ】

床振動の伝達を抑制するおもな手段は除振器の採用である。騒音の入力を抑制するには，遮音構造を適用した防音ボックスが挙げられる（**図 2.38**）。しかし，装置全体を囲む防音ボックスは装置へのアクセスを不便にする。

そこで，防音ボックスを使わず装置の表面に遮音構造を設けたが，逆に音の影響を受けやすくなったというトラブルが発生した。

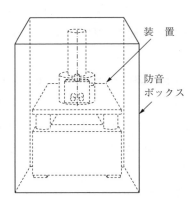

図 2.38　防音ボックスの例

2.10 遮音構造の原理とその欠点の克服事例

【物理イメージ】

遮音の基本原理は，**遮音に関する質量則**（mass law of sound insulation）である。ただし，耳に聞こえない超低周波音に対する遮音では，質量則は成り立たず**剛性則**が支配する。遮音壁の単位面積当りの質量が，すなわち面密度が大きいほど音の透過損失は大きくなる。

図 2.39 は**透過損失**（transmission loss）TL の周波数特性である。比較的低い周波数域に，遮音壁の固有モードに起因する透過損失の減少・増加が示されている。高周波域には遮音壁に励起された曲げの影響，すなわち一種の共鳴である**コインシデンス**（coincidence）と呼ばれる透過損失の低下がある。これらの透過損失の低下は，遮音壁の減衰比が小さいほど大きくなる。なお，この周波数特性の横軸を，[周波数〔Hz〕]×[面密度〔kg/m^2〕]とすることもできる。この場合，同じ面密度の遮音壁でも高周波の音ほど透過損失が大きくなる。

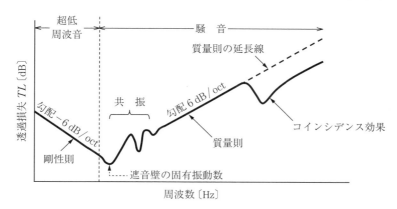

図 2.39 遮音壁の周波数特性

さて，遮音構造を装置表面に配置したときのモデルを**図 2.40** に示す。遮音板は空中に浮かせておけないので，装置表面に対して支持部材で固定される。この支持部材について十分な配慮をしないと遮音はうまくいかない。支持部材をばねと考えると，支持部材一つ当りの遮音板の質量を有する 1 自由度振動系とみなせる。遮音板が音の入力によって振動させられた場合を考える。まず，遮音板が剛体とみなせる低周波域においては，この 1 自由度系の固有振動数の

2. 機械の素性を知って特性改善

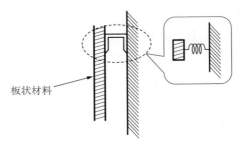

図 2.40 装置表面に取り付けた遮音壁のモデル

1.4倍以下の周波数では振動が増幅されて装置に伝達されるため，遮音効果は得られない．つぎに遮音板の固有振動数が存在する比較的高周波域では，遮音板の多数の固有モードによって増幅された振動が，支持部材を介して装置へ伝達する．一般に，遮音板の固有振動数は装置表面が弾性変形する装置側の固有振動数よりも低いので，装置に対しては遮音構造ではなく集音器を取り付けたような状態となり，音の入力がかえって増える．

以上のことから，装置表面に遮音構造を設ける場合，① 遮音構造が装置に対して十分に除振され，② 遮音構造の固有モードの影響を抑制することが必要である．

ところで，装置にはそれぞれ音による影響を受けやすい周波数帯域が存在する．そこで，②の目的のため，**図 2.41** に示すように，遮音板を細かく分割する．このことによって各遮音板の固有振動数を装置に影響する帯域よりも高周波化し，装置に影響しないようにすることを考えた．どの程度の大きさに分割すればよいかはシミュレーションによる計算モーダル解析で検討すればよい．さらに，①の目的のため，支持部材の代わりに，柔軟な発泡樹脂を遮音板と装置との間に接着した．この発泡樹脂は遮音板の固有モードに高い減衰比を付与する効果，そして分割した遮音板の隙間から通る音に対しての吸音効果もある（特開 2001-306078，日本電子：精密機器の遮音装置）．

このアイデアは有効ではあった．しかし，遮音構造を細かく分割した後に，再度きれいに並べる必要があった．そのため，コストがかかりすぎた．しか

2.10 遮音構造の原理とその欠点の克服事例

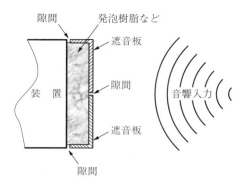

図 2.41 改良された遮音壁の例

し，後日，一般的に用いられる遮音・吸音用シートに，同じような構成のものを見つけることができた（**図 2.42**）。これは吸音材と制振材のシート間に，直径 6 mm 程の金属製円盤を敷き詰めている。直径が小さいため一つひとつの円盤の固有振動数は十分に高く，遮音性能を損ねることはない。さらに円盤が小さいことにより，曲面にあわせてシートを曲げられる。裁断もそれほど困難で

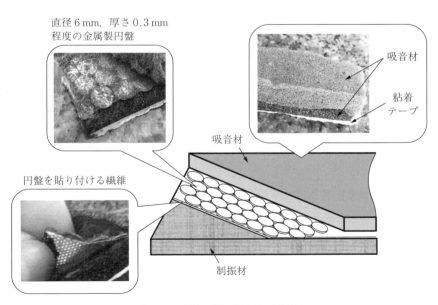

図 2.42 市販の優れた遮音・吸音材

66　　2.　機械の素性を知って特性改善

はない。これはいいものだと採用していたが，最近メーカの都合で製造中止となった。製造を引き継ぐメーカもなかったそうで大変残念である。原理的にも実際の効果も優れている。どこかのメーカでつくってくれないだろうか。

【まとめ】

遮音構造を装置表面に設ける場合，下手な設計をするとそれが集音器に変わってしまう。遮音壁の固有振動数を装置に影響しないほどに高周波化し，減衰比を高め，さらに遮音壁の受ける力を装置に伝達しない工夫が有効である。

2.11　超低周波音の影響と対策

【プロローグ】

大音希声（たいおんきせい）とは老子の言葉である。そのまま読めば，大きな音は聞こえにくいとなる。解釈には諸説あるが，東洋哲学で音とは情報の意味を持つ。宇宙を支配している自然法則の情報は非常に大きく響き渡っているけれども，人がとらえることは難しいという深意がある。

さて，単純に大きな音でも耳に聞こえない音がある。一つには 20 kHz 以上の超音波であり，もう一つには 20 Hz 以下の超低周波音（超低音とも呼称）である。以下は，耳に聞こえない超低周波音が走査型電子顕微鏡（SEM）の性能を律速していたという事例である。

【課　題】

SEM の設置室要件を満たすにもかかわらず，調整ラインにおいて出荷用の性能写真（保証分解能を証明する SEM 像）の取得が難しいという問題が発生した。無人の夜中でなければ性能写真が撮れない状況となり，調整員は青白い顔で不健康そうに見えていた。これではあまりに不憫であり，また，未知の外乱が装置性能を律速しているという状況を解決する必要があった。

【調査方法】

電子顕微鏡の分解能に影響する外乱としては，床振動，騒音，磁場変動が挙げられる。それぞれについては，人間が検知できるよりはるかに感度の高い測定機による調査がなされている。当時，騒音計のメーカから超低周波音計の売込みがあった。これを借用し，問題の調整場所において測定を行った。超低周波音計には音圧に比例した DC 出力が用意されていた。この時間波形をレコーダに記録した。すると，図 2.43 のように 0.8 Hz という非常に低い周波数の超低周波音が測定された。

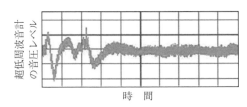

図 2.43 超低周波音計で測定された波形

この大きさは 100 dB を超えていた。さらに，この波形は断続的に発生していたが，何が原因であるか最初ははっきりとわからなかった。そこで，協力者を募りこの波形が発生したとき，周囲で何が起こっているかを観察し続けた。その結果，調整ラインの部屋の扉が開いたときに発生していることが判明した。そこで，開口部を有する容積の共鳴周波数に注目した。部屋の寸法から空間の容積を求めると約 6 800 m^3 であった。この容積に対して，共鳴周波数 0.8 Hz を与える開口部の面積を見積もると 2 m^2 となった。これは，扉の面積（1 m×2 m）とほぼ一致した。つまり，部屋の共鳴 0.8 Hz が超低周波音の発生原因であると特定された。

その後，24 時間にわたり，超低周波音計出力の周波数分析を行った。夕刻に部屋の空調が停止すると，高い周波数の超低周波音・可聴音は減少したものの，0.8 Hz 成分は減少せず，かつ，この成分は支配的であることがわかった。つまり，人が多く，通行のために扉を開ける頻度の高い時間帯には超低周波音が大きなレベルで存在し続けた。これが原因で性能写真が撮れなかった。

2. 機械の素性を知って特性改善

　この現象のモデルを**図 2.44** で説明しよう。図には SEM の試料ステージおよび試料チャンバ付近の断面を簡易的に示す。試料チャンバの内部は真空であり，大気圧との差分の力がつねにかかっている。試料チャンバの概略形状は円筒であり，試料ステージは平面形状のステージ取付け面に固定されている。大気圧が超低周波音によってわずかに高くなった場合，比較的剛性の高い試料チャンバの変形は小さいが，ステージ取付け面は比較的薄い平板形状であるため，図中の破線のようにへこむ。すると，ここに装着されている試料ステージは試料チャンバの内側に押し込まれ，観察試料が移動する。これが超低周波音によって，SEM 像に振動が発生するメカニズムである。測定された音圧 100 dB に相当する力をステージ取付け面に加えると，数 nm のオーダでたわむ。このことは手計算で確認された。

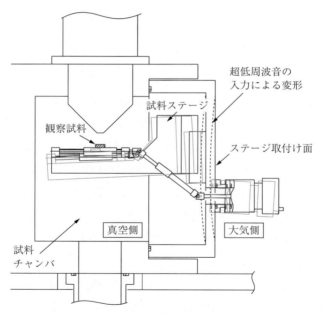

図 2.44　超低周波音の入力による試料移動のモデル

【対策の具体例】

さて，どうやって対策しようということになる．暫定的に，「性能写真を撮っているときには扉を開けないでください」という貼り紙が扉に貼られた．しかし，このままの放置は許されない．そこで，図 2.45 のような対策案を考えた．

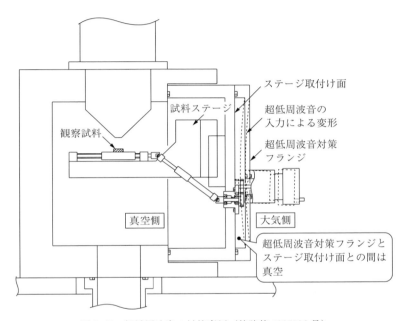

図 2.45　超低周波音の対策事例（特許第 4037596 号）

ステージ取付け面が超低周波音による気圧変動でたわむのが問題なのだから，この面に大気圧がかからなければよい．この実現のため，ステージ取付け面の外側に超低音対策フランジを設け，内側を真空に引くことでステージ取付け面に大気圧変動による力が働かないようにした．超低音対策フランジにかかる力は，ステージ取付け面の端部の剛性の高い部位で受け，超低音対策フランジにかかる力はステージ取付け面にはかからないようにした．チャンバ右側に飛び出た部分は試料移動のための回転導入部である．この部位が大気圧変動で移動しても試料ステージに力がかからないよう，回転力の伝達には平歯車対を

70   2. 機械の素性を知って特性改善

用いている。これはよい解決方法であると思った。特許にもなった。しかし，試作に留まった。なぜかといえば，さらに安価な解決方法があったからである。それは，単純にステージ取付け面をより厚くするという方法である。

　機械の専門家なら，梁の断面2次モーメントが梁の高さの3乗に比例して大きくなることは知っている。つまり，少し厚くするだけで曲げ剛性は大きく改善できる。ステージ取付け面が比較的薄かった理由は，組立て時にできるだけ軽いほうが楽だからという理由であった。そのため，厚さを増すことに異論はなかった。対策の結果，夜中でなければ性能写真が撮れないという問題は解決し，調整員の顔色は徐々によくなった。もちろん，装置の耐環境性能が向上したことも喜ばしいことであった。

【ほかの事例と対策】

　ほかの超低周波音の発生事例としては，クリーンルームなどに用いられる圧力調整弁の振動がある。クリーンルームでは埃の侵入を防ぐ目的で内部が陽圧になるように空調が行われている。陽圧を保持するため，部屋の仕切りには圧力調整弁が設けられている。

　図 2.46（a）に圧力調整弁の概略構造を示す。室内外の気圧差により，弁板が回転中心軸まわりに回転して隙間が発生し，空気が逃げられる。ウエイトの位置によって室内外の気圧差を調整できる。

　ある日，SEM の仕様分解能が得られないという問題が発生した。クリーンルームに超低周波音計を持ち込み，測定したところ，図（b）のような約1 Hzの正弦波状の波形が得られた。その音圧レベルは 100 dB を超えていた。何が原因だろうかと周囲を見回したところ，圧力調整弁が振動しており，その動きと超低周波音波形とが一致していた。クリーンルームのドアを開け，弁板が閉まって停止すると1 Hzの波形は消失した。これほど大きな超低周波音が発生したのは，弁板が圧力鍋の加圧用おもりのような働きをしていたためである。

2.11 超低周波音の影響と対策

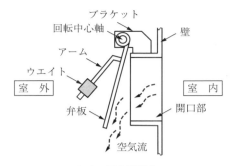

（a） 圧力調整弁

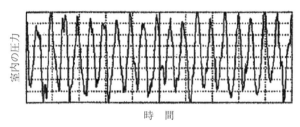

（b） 超低周波音波形

図 2.46 圧力調整弁の概略図と室内で測定された約 1 Hz の超低周波音波形

圧力鍋では，おもりが塞ぐ面積を小さくすることで小さな重量でも大きな気圧差を保持できるよう工夫されている。この超低周波音発生の対策としては，弁板が振動しないように，例えば，弁板の回転軸の固定部に粘性オイルを利用したロータリダンパを配置すればよい。何らかのダンパを付与することで解決できる（特開 2002-267034，日本電子：クリーンルーム等の圧力逃し弁）。

【まとめ】

密封された装置では，周囲の大気圧変動・超低周波音が悪影響を及ぼすことがある。超低周波音は耳に聞こえないため，大きなレベルで存在していても気が付かないことが多い。

2.12 静剛性と動剛性の話

【プロローグ】

騒音による装置の共振を抑制するために減衰能を高めたというと，振動に詳しくない人は，それなら床振動に対しても強くなったのだと変な感想を述べたりする。こんな勘違いは払しょくしておきたい。

【動剛性とは】

図 2.47 に示す 1 自由度振動系（質量 m, ばね定数 k, 減衰係数 c）に対して，まず，一定の力 F をかけたときに質量が移動した変位を x とすると，フックの法則から $F = kx$ であり，このとき剛性，すなわち力が一定なので**静剛性**（static stiffness, static rigidity）は，ばね定数 $k = F/x$ となり，m や c とは関係していない。

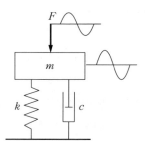

図 2.47　1 自由度振動系

つぎに，力 F が正弦波的に変化した場合を考える。この周波数を変化させたとき，変位 x は 1 自由度系の固有振動数にて最大となる。ただし，$\zeta \ll 1$ である。この応答振幅は，周波数が 0 Hz（一定）のときの $1/2\zeta$ 倍（ζ：減衰比，$\zeta = c/(2 \cdot [mk]^{1/2})$）となる。したがって，静剛性に対応する動的な（ダイナミックな）剛性，すなわち**動剛性**（dynamic rigidity）は $k \cdot 2\zeta = c/(m/k)^{1/2}$ で表される。動剛性を高めるには，質量 m をより小さく，ばね定数 k をより大きくすることも有効であるが，減衰係数 c を高めたほうがより効果的である。

【動剛性向上が有効な周波数範囲】

図 2.48 に，減衰比 ζ を変化させたとき，1自由度振動系における相対変位振幅倍率 $|(x-x_0)/x_0|$ を縦軸に，固有振動数 f_n に対する入力の周波数比 λ（$= f/f_n$）を横軸にして示す。ζ によって応答振幅比が影響されるのは λ が1の前後，すなわち f_n 前後の狭い周波数域に限定される。

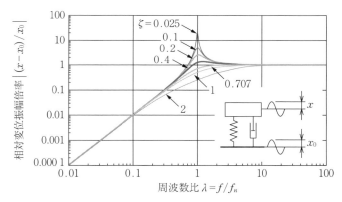

図 2.48 減衰比 ζ を変化させたときの1自由度振動系の相対変位振幅倍率

ここで，【プロローグ】で述べた勘違いを詳しく説明しよう。騒音で励起される固有振動数 f_n は数百 Hz 以上のオーダであることが多い。それに対し，床振動で問題になる周波数は数 Hz からせいぜい数十 Hz である。したがって，騒音で問題となる構造の固有振動数と床振動の振動数との比は1よりも十分小さいことが多く，減衰係数を高める方法で減衰比を大きくし動剛性を向上させても相対変位振幅倍率を抑制する効果はない。

逆に，床振動のように周波数比 λ が小さい外乱振動に対する応答量を減じるためには，固有振動数 f_n を高めて λ をより小さくするしかない。相対変位振幅倍率 $|(x-x_0)/x_0|$ は式 (2.9) であり，$\lambda \ll 1$ のとき f_n の2乗に反比例する。これが，耐振性を高めるには固有振動数を高くすることが重要であることの根拠となっている。

$$\left|\frac{x-x_0}{x_0}\right| = \frac{\lambda^2}{\sqrt{(1-\lambda^2)^2 + (2\zeta\lambda)^2}} \approx \lambda^2 = \left(\frac{f}{f_n}\right)^2 \tag{2.9}$$

さらに，$f_n = (1/2\pi) \cdot (k/m)^{1/2}$ であるから，$|(x-x_0)/x_0|$ はばね定数 k に比例し質量 m に反比例する．しかし，耐振性を高めるには固有振動数を高めないとだめだと金科玉条のように信じていると，現実の系を見誤る．これについては，4.3 節で具体的な事例を説明する．

【まとめ】

装置の共振が問題となる場合，静剛性ではなく動剛性を高めることが固有振動数における相対変位振幅倍率を抑制するために有効である．一方，装置の固有振動数に対する外乱の周波数比が 1 より十分に低い領域においては，相対変位振幅倍率を抑制するには固有振動数を高めることが有効である．

2.13 パッシブとアクティブ除振装置の関係

【プロローグ】

精密位置決め装置に対する振動の混入は排除しなければならない．振動のなかでも特に床振動の精密位置決め装置への伝播を抑制したものが図 2.49 に示す除振装置である．この装置の主力は，パッシブからアクティブに変遷している．もちろん，後者のほうが高価である．なぜならば，図下段左側に記すよう

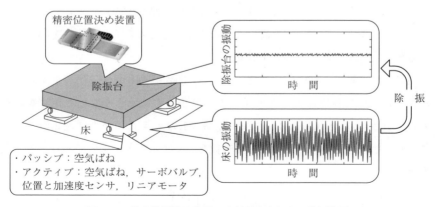

図 2.49　精密位置決め装置に床振動を入れない除振装置

に，アクティブの場合，空気ばねというおもなアクチュエータを駆動するサーボバルブ，そして位置および加速度センサを備え，これらセンサの出力を使ったフィードバック制御が施されるからである．最近では，空気ばねに加えてリニアモータ付き除振装置も稼働している．パッシブに比べて高価になることは自明である．

ここで，除振装置に限ることなく，パッシブの欠点克服のためにアクティブ化がなされる．そうすると，いま使用しているパッシブ除振装置をアクティブに代えるだけで，格段の精密位置決め装置の性能向上が期待できる．アクティブの導入を図った開発者はこのように思考したに違いない．しかし，そうは問屋が卸さない．パッシブ除振装置を用いたときよりも劣る位置決め性能だった．

【パッシブとアクティブ除振装置の原理的な差異】

アクティブ化によって，いや，もっと直接的ないい方をする．お金をかけたことによって，パッシブに比べてどのような観点で優れるのであろうか．

図 2.50 に，パッシブとアクティブ除振装置における除振率の周波数応答整形の違いを示す．ここで，除振率とは，床振動（加速度 a_0，変位 x_0）に対する除振台上の振動（加速度 a，変位 x）の比 $a/a_0 = x/x_0$ である．除振装置の

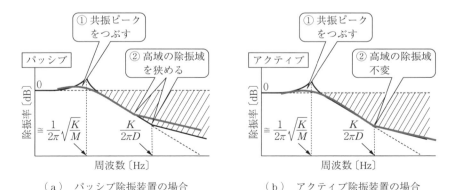

（a）パッシブ除振装置の場合　　　（b）アクティブ除振装置の場合

図 2.50　パッシブおよびアクティブ除振装置の除振率の周波数応答整形

性能指標であり，この値が小さいほど性能は優秀である。

まず，図 (a) を参照して，除振台の質量を M，空気ばねのばね定数を K とおいて，ゲインが 0 dB よりも大きく，しかも先鋭的なピークを生じる共振周波数は，図に示した固有振動数 $f_n = \sqrt{K/M}/2\pi$ とほぼ同じになる。床振動が除振台上では増幅される共振ピークを放置したままでは，除振装置として使えない。① に記載のように，共振ピークをつぶす。通常，粘性係数 D を大きくする。具体的には，油などで制動を与えて，① に示すように共振ピークを下げる。しかし，D を大きくすると，② に指し示す折点周波数が低周波側に移動する。結果として，斜線部の領域を狭める。言い換えると高周波数領域の除振域を狭める。

一方，図 (b) の場合，① で指し示す共振ピークを加速度センサの出力をフィードバックすることによってつぶす。このとき，② の折点周波数は不変である。したがって，斜線で示す除振領域を狭めることがない。

【原　因】

精密位置決め装置の性能が，アクティブ除振装置の導入で劣化した理由を述べる。アクティブ除振装置の専門メーカがユーザに宣伝できる唯一の性能指標は除振率であるが，メーカでは除振台上の搭載物の性状を知りようがないので仕方がない。具体的に，図 2.51 右側のデータを除振装置導入のユーザに提示する。すなわち，構造体に対する一切の設計変更なしで，アクティブ除振装置

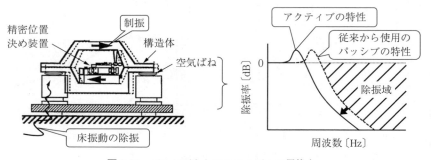

図 2.51　パッシブからアクティブへの置換え

を組み込める。しかも，従来から使用のパッシブ除振装置に比べて除振域が拡大できる。そのため，図左側を参照して，精密位置決め装置の位置決め指標を上げることができると効能を宣伝する。

　ところが，アクティブ除振装置が支える構造体内（以下，除振台と呼称）には，急峻な加減速駆動を行わせる精密位置決め装置がある。この稼働による駆動反力は，除振台に作用して揺れを引きおこす。図右側を参照して，除振域拡大のために，固有振動数は下げられており，駆動反力による除振台の揺れは，固有振動数が高い従来の場合よりも大きい。揺れが甚大で機械衝突を招くこともある。さらに，除振台の揺れの収束性の劣化は，位置決め装置の指標である位置決め時間を長引かせる。一方，図右側の固有振動数が高いパッシブ除振装置の場合，空気ばねは硬いので揺れは小さい。お金をかけてアクティブ化したにもかかわらず，精密位置決め装置のポテンシャルを引き出せないばかりか，劣化させてしまうとは何ごとかとなる。

【アクティブを活用する】

　除振域拡大だけを注視して除振装置を導入したユーザは，アクティブであることを積極的に活用する方策をとらなかった。いや，アクティブに関する理解不足のため，積極的な活用が想起できなかったといったほうが正しいかもしれない。そのため，アクティブ除振装置の導入が，即座に精密位置決め装置の性能向上に寄与するどころか，パッシブの使用時に比べて著しい劣化を招いたのである。

　アクティブであることを活用する観点は以下のとおりである。

（1）　高周波領域における除振域の拡大：すでに，図2.50を用いて説明済みである。

（2）　6自由度の姿勢矯正：右手座標系xyzを設定したとき，剛体としての除振台は，x，y，z軸方向の並進運動と，各軸まわりの回転運動の合計6自由度を持つ。アクティブ化によって，この6自由度の姿勢が個別に矯正できる。一方，パッシブの場合，例えば鉛直方向z軸に空気

ばねを配置して，この固有振動数および減衰特性が定められたとき，もはや x および y 軸まわりの回転運動に対する減衰性を個別に調整することは不可能である。ところが，アクティブ化したとき，6自由度の運動に対してほぼ非干渉で減衰性を調整できる。補償の工夫によって，固有振動数の増減も微調整できる。

図 2.52 は，精密位置決め装置における駆動方位を含む3種類の波形である。図（a）は，x，y，z 軸の並進方向だけの除振台の姿勢調整を行ったときの波形である。一方，図（b）は，アクティブ除振装置の姿勢をさらに微調整したときの結果である。具体的に，精密位置決め装置の駆動反力で，除振台は駆動方位のほかにピッチングおよびヨーイングの揺れを生じる。すなわちこれは，並進方位のほかに軸まわりの回転方位の揺れが生じ，それを抑制する調整を行ったときにおける除振台搭載の精密位置決め装置の波形である。つまり，精密位置決め装置の制御パラメータを一切調整することなく，除振台の姿勢矯正によって位置の偏差波形が良化できることを示している。

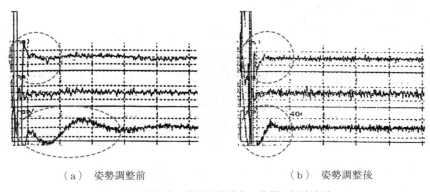

（a） 姿勢調整前　　　　　　　　　　（b） 姿勢調整後

図 2.52　除振台の姿勢調整前後の位置の偏差波形

（3） 反力フィードフォワードの適用：位置決め装置の駆動反力によって除振台に揺れが生じ，この揺れが位置決め装置の精度および整定時間の劣化を招く。このように，原因があって結果が生じることを因果律という。因果律が明確な場合，揺れをあらかじめ抑えれば精度および整

定時間の劣化を解消できると，自然に思考できる．揺れのあらかじめの抑制は，パッシブ除振装置では実現不能だが，アクティブであればこそ可能となる．

図 2.53 右側は，空気ばねと並列にリニアモータを実装したアクティブ除振装置において，精密位置決め装置の加減速に同期してこのモータに推力を発生させたときの除振台の揺れである．すなわち，精密位置決め装置による駆動反力を，リニアモータの推力で相殺した反力フィードフォワードの適用結果である．図左側の反力フィードフォワードなしに比べて，除振台の揺れが抑えられている．このことが精密位置決め装置の整定時間短縮，および精度の良化という結果につながっている．

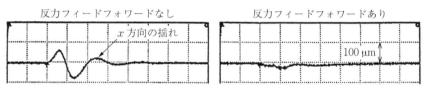

図 2.53 リニアモータを使った反力フィードフォワード

【エピローグ】

表 2.3 は，装置 A がメインであり，これを支援する装置 B を導入したときの性能の評価である．まず，[1] は装置 B の導入による装置 A の支援の効果が顕著ではないことを示す．つぎの [2] は，装置 A，B がうまく融合した結果，相乗効果によって装置 A の性能が格段に上がったことを，そして最後の [3] は装置 B の導入が単独の装置 A の性能よりも著しく劣化を招いたことを示す．

装置 A，B という簡単な組合せで説明したが，複数の装置を集結して一つの装置を設計，製造，そして出荷する責任者は，自社開発の負担軽減を考える．そのため「餅は餅屋に任せる」の言葉のとおり，一部の装置開発を専門家集団に委ねる．そうすると設計・製造の切り分け，および品質トラブル発生時の責任の所在が明確となる．しかし，明快な切り分けができない場合もある．

つまり，1＋1＝2 という単純明快な効果が発現する装置の組合せもあるが，

2. 機械の素性を知って特性改善

表2.3 装置A，Bの集結の効果

	装置A，Bの結合の効果	評価
[1]	装置A　　装置B	△
[2]	装置A　装置B	◎
[3]	装置A　装置B	×

ことは単純でない場合もある。精密位置決め装置の駆動により生じる除振台の姿勢変動，この変動が及ぼす整定時間および精度への影響の仕方をとらえていたうえで，アクティブ除振装置に備えさせるべき仕様を専門メーカに提示できれば，表2.3 [3] の招来はなかった。もちろん，[3] のトラブルがあったからこそ，上記の【アクティブを活用する】で記載した（2）と（3）の開発が実施でき，そのため詳細な仕様を出せる能力を獲得できたことも事実である。

3

振動の生成と検出のための道具

2章では，加速度センサを使った振動の計測，あるいは固有振動を励起する打撃などを通して，機械装置の素性を知ることができ，このことが機械特性の改善にまでつなげられた実例を示した。ほとんどの事例では，振動源の特定に時間を要するものの，その後は限定された箇所を対象にして加速度センサの取付け位置を丹念に変え，この振動振幅の大小および位相を考慮したとき，モードはおのずと明らかになった。言い換えると，現場的なアプローチであり，実験モーダル解析に関する知識を正確に保有せずともよい事例である。

ところが，振動源が容易にはわからない機械装置，組み上げられた状態で個々のユニットには分解できない機械装置の場合，学問体系になっている実験モーダル解析を適用することになる。このとき使用する振動の生成と検出のための道具を説明する。あわせて，実験モーダル解析に登場する技術用語を説明しよう。

3.1　機械に打撃を与えるインパルスハンマ

インパルスハンマは，力センサを内蔵する構造物打撃用の計測器である。計測対象の構造物には，加速度センサを取り付け，インパルスハンマで検出の力に対する加速度センサの出力の比をとることによって，周波数応答伝達関数を求める。

【インパルスハンマの構造】

図 3.1 にインパルスハンマの構造を示す。ハンマの名前のとおり，金づちの形状である。しかし，打撃力を計測する力センサ（圧電素子）を内蔵する計測機器である。具体的には，図において打撃部の先端には交換可能なインパクトチップが取り付けられる。インパルス状の加振パワーを強く，しかしその周波数範囲が狭くてもよい場合にはソフトチップを，逆に，加振パワーは低いが広周波数範囲にわたる打撃を発生するためにはハードチップを選ぶ。さらに，ハンマ後部には，脱着可能なエクステンダがある。これは，ヘッドに質量を付加して加振力を安定化させる役割がある。

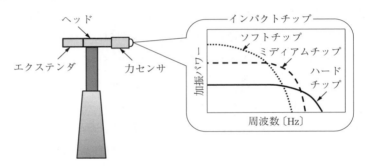

図 3.1　インパルスハンマの構造

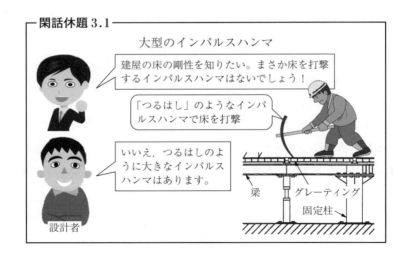

3.1 機械に打撃を与えるインパルスハンマ　　83

閑話休題 3.2

インパルスハンマは金づちじゃない!

インパルスハンマは,構造物を加振することによって,固有振動数測定やモーダル解析を行うための力センサを内蔵する計測器である.しかし,ハンマの語感から,釘を打つ金づちとも誤解するのであろう.試験構造物に打撃を与えて加速度センサの出力に有意な信号が見出せないとき,自然に打撃力を強める.そのため,インパクトチップを破壊する.構造物を打ち付けてはならない.そっと打撃する使い方をしなければならない.

【ハンマリングの数学的背景】

表 3.1 のシステム $G(s)$ を考える.入出力の関係は

$$y(s) = G(s)u(s) \tag{3.1}$$

であり,時間領域での応答は

$$y(t) = \mathcal{L}^{-1}[y(s)] = \mathcal{L}^{-1}[G(s)u(s)] \tag{3.2}$$

となる.ここで,$u(t)$ としてインパルス信号を選んだとき,$u(s) = \mathcal{L}[u(t)] = 1$ であるため,$y(t)$ は次式となる.

$$y(t) = \mathcal{L}^{-1}[y(s)] = \mathcal{L}^{-1}[G(s) \cdot 1] \tag{3.3}$$

つまり,表 3.1 上段に示すように,時間領域で時間幅零かつ振幅無限大の単位インパルス信号を印加することは,表 3.1 下段の周波数領域では直流から無限大まで一様な周波数スペクトルを印加することと等価である.これが入力されたとき,計測対象の特性 $G(s)$ によるフィルタリングの出力が得られることは容易に理解できる.

ところが,時間幅零,振幅無限大,そしてこの波形の面積が 1(ディラックのデルタ関数)の単位インパルス信号の生成は現実には不可能である.一方,有限の時間幅,かつ振幅有限の擬似的インパルス信号であるならば生成可能である.振幅と時間幅が有限な擬似的インパルス信号の場合,**表 3.2** 下段に示す

表 3.1 インパルス信号の時間領域および周波数領域の特徴

表 3.2 現実のインパルス信号の時間領域および周波数領域の特徴

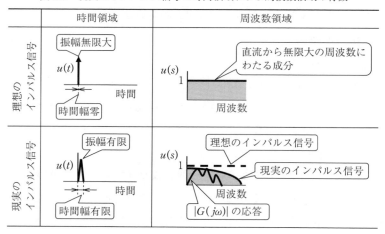

ように，直流から高周波数にわたる一様な周波数スペクトルとはならない．具体的には，高周波数でこのスペクトルの大きさは低下する．しかし，ゲイン $|G(s)|_{s=j\omega}$ の応答が高周波数領域に存在しなければ，加振入力のインパルス信号にもこの周波数成分を含む必要はない．つまり，表 3.2 右側下段に示すように，$G(s)$ のダイナミクスを表すに足る帯域の成分が有意に存在すれば，高周

波数領域では周波数スペクトルが減衰する擬似インパルス信号を使った加振で十分といえる。

【ダブルハンマリングとは】

ハンマ加振によるデータ収集時に，一フレーム間で対象物を 2 回以上たたいてしまうことを**ダブルハンマリング**（double hammering）と呼ぶ。表 3.2 右側上下に示すように，1 パルス入力の周波数スペクトルは計測帯域において平坦であり，これを計測対象に印加し，計測対象のダイナミクスでフィルタリングされた応答を求める。ところが，ダブルハンマリングの場合には，計測帯域にて一様でない周波数スペクトルを印加するので，計測対象の動特性を正しくとらえられない。つまり，計測にあたって回避しなければならない。

ダブルハンマリングを避けたいにもかかわらず，軽く硬い構造物の打撃ではこれを生起させやすい。理由は，**表 3.3** 上段のように，1 回目の打撃によって生じた構造物の振動がハンマ先端を打撃するからである。つまり，意図しなくてもダブルハンマリングが生じやすい。これをなくすには，表下段のように，1 回目の打撃の直後にハンマ先端を構造物から意識して早急に離す打撃法が有効になる。

表 3.3　ダブルハンマリングとその回避法

【コヒーレンスとは】

図3.2では，構造物に対してインパルスハンマを用いての打撃を加え，これによって励起される振動を加速度ピックアップで検出している。原因①によって，結果②をとらえる計測である。ところが，打撃に起因しない振動もつねに存在するため，加速度ピックアップの出力には，インパルスハンマの打撃で励起された振動とともにほかの振動も混入してくる。

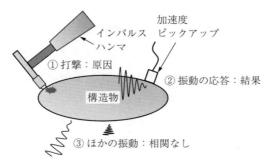

図3.2 インパルス応答試験

打撃力fに対する加速度aから，イナータンスa/fを求めたとき，このデータがfに起因するのかあるいはそうでないのかは，データの信頼性にかかわる。つまり，fとaの間の相関が高ければ，信頼性のあるデータとして活用できる。一方，相関が低いときには，データに基づく物理現象の解釈は意味をなさない。上記の相関の指標を**コヒーレンス**（coherence）という。具体的な事例で，コヒーレンスを使ったデータの解釈を述べよう。

図3.3は高速回転用のスピンドルである。より具体的に，磁気軸受で支持される工作機械用のスピンドルである。硬い材料でつくられているが，高速回転の領域では曲げが生じる。いわゆるベンディングモードである。設計の後に製造したスピンドルが，はたしてどこまで安全に高速回転させられるのか。これを事前に知るためには，ベンディングモードの周波数を計測すればよい。

そこで，**図3.4**のように，インパルスハンマで打撃力fを与え，スピンドル先端に装着した加速度ピックアップの出力aまでの応答を，すなわちイナー

3.1 機械に打撃を与えるインパルスハンマ

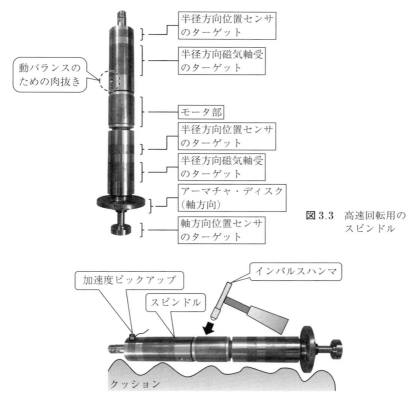

図3.3 高速回転用のスピンドル

図3.4 スピンドルのベンディングモードの周波数を知る実験セットアップ

タンス a/f を測定した。**図3.5**より，共振ピークの周波数は1 475.0 Hzで，このときのコヒーレンスは1である。したがって，共振周波数の数値は信頼してよい。一方，コヒーレンスが1より大幅に下がった周波数領域については，イナータンス a/f の実測から意味のある数値を読み取ることはできない。

【窓関数とは】

インパクト加振時に使用する**窓関数**（window function）について説明する。インパルスハンマによる加振波形に対しては**フォースウインドウ**を，インパルス加振の結果としての応答波形に対しては**EXPO減衰ウインドウ**（**指数窓**

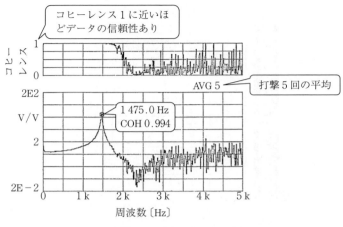

図 3.5　イナータンス a/f

を適用する。なお，窓関数には，上記のほかにハニング，フラットトップ，レキュタンギュラなどがある。

図 3.6 を参照して，インパルス信号はインパルスハンマの打撃で生成される。このインパルスの生成期間だけに矩形状のフォースウインドウをかける。一方，インパクト加振に対する構造物の応答波形は減衰振動である。これに対しては，EXPO 減衰ウインドウによる重みづけを施す。

上記では，窓関数を「かける」，あるいは「重みづけ」するというふうに説明した。これらの窓関数を用いない実測の場合を考えたとき，この関数の役割は明確となる。**表** 3.4 左側上段は，インパルスハンマによる打撃波形である。最初の先鋭的波形が，構造物に印加した加振信号としてのインパルスである。しかし，これが終了した後に，波高値は低いものの，意図しないインパルス状の信号が生起している。このような波形に対して，表左側 2 段目のフォースウインドウをかける。言い換えると，時間経過に対して初期に生成させたインパルス信号を重要視し，以降に生じた信号を零となす重みづけを行う。結果として，表左側下段のように単一のインパルス信号となる。

インパルス信号に対する応答に対しても重みづけを行う。表 3.4 右側に示す EXPO 減衰ウインドウである。一般に，応答は減衰振動波形になる。つまり，

3.1 機械に打撃を与えるインパルスハンマ 89

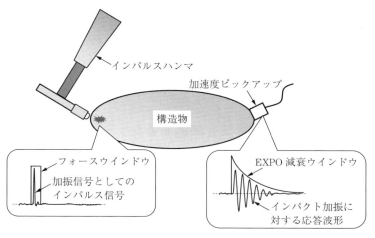

図 3.6 フォースウインドウと EXPO 減衰ウインドウ

表 3.4 フォースウインドウおよび EXPO 減衰ウインドウの役割

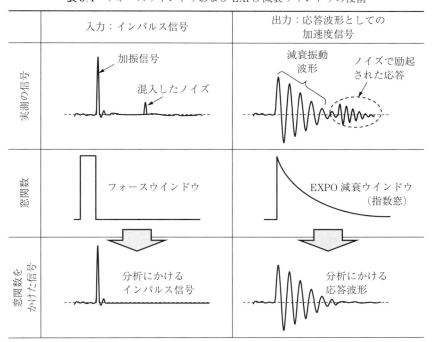

90   3. 振動の生成と検出のための道具

十分な時間経過後に出力は零になるため，減衰がきいた時刻で振幅が突如として大きくなる波形になってはならない。もしこのような波形ならば，インパルス信号以外のものが起因している。そのため，時間経過に従って徐々に零になるウインドウをかける。

3.2 機械を加振するシェーカ

機械をシェーカで加振し，この応答を取得することによって，周波数応答関数を求める方法には，正弦波掃引加振法とランダム加振法の2種類がある。以下では，頻繁に使用される前者を説明する。

図3.7（a）を参照して，安定な閉ループ系に周波数 f_1, f_2, …の適切な振幅を有する正弦波信号を目標値 r に印加する。このとき，センサ出力 v_s も周波数 f_1, f_2, …の正弦波となる。r と v_s を同期させ，**ゲイン**（gain）と呼ぶ振幅比 $20\log_{10}|v_s/r|$ と，r を基準にした v_s の位相変化の**位相**（phase）の両者を計算または計測する。周波数 f を掃引したときのゲインと位相を，図（b）のように片対数グラフにプロットした線図を**ボード線図**（Bode diagram）あるいは**周波数応答**（frequency response）と称する。

制御系の設計・解析の場面では，図（b）に示すボード線図の計算・実測は頻繁に実施される。そして機械制御系としての図（a）の場合，太枠に示すアクチュエータを備えるため，電気信号を入力することによって容易に機械を加振できる。

ところが，アクチュエータがない機械構造物の場合，この固有振動をボード線図に基づいて計測するためには，別途に正弦波加振するアクチュエータを準備しなければならない。ほとんどの場合，**図3.8**に示すシェーカが使われる。

【供試品とシェーカの接続方法】

（A）　直接加振：電子部品など小形の供試品に対する振動試験を行う場合，**図3.9**に示すように，適切な治具をシェーカに直接結合する。この治

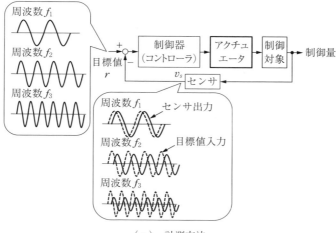

（a） 計測方法

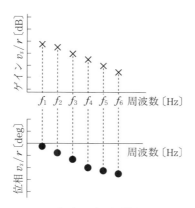

（b） ボード線図

図 3.7 ボード線図の計測方法と表示

具に供試品を搭載して，シェーカによる直接加振を行う。

（B） 加振ロッドを用いた加振：精密ステージが空気ばねをアクチュエータとする除振装置上に搭載されており，この装置の固有振動数を実測するために，シェーカを用いて加振する実験構成をすでに図 2.4 に示した。これを**図 3.10** に再掲する。シェーカの中心から加振ロッドをのばし，この先端を加振する構造体に取り付けている。加振ロッドの剛

3. 振動の生成と検出のための道具

（a）シェーカ（加振器）

（b）電力アンプ

図3.8 シェーカ（加振器）とこれを駆動する電力アンプ

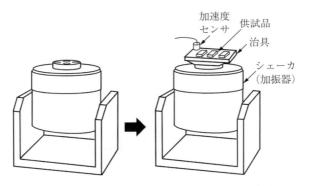

図3.9 治具を介してシェーカに供試品を直接搭載

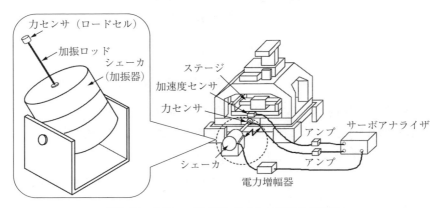

図3.10 加振ロッド（棒）を介した構造物の加振

性は，加振方向では大きく，曲げの方位では小さいことが要求される。
（C） 吊下げ加振：超大型の構造体をシェーカで加振するとき，図 3.11 のようにシェーカを吊り下げて加振方位を定め，さらにピアノ線を用いて加振する。

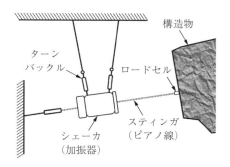

図 3.11　吊下げ加振

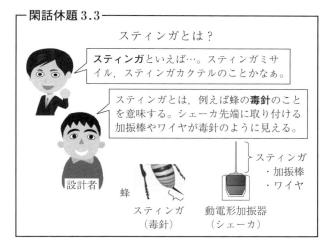

3.3　機械の振動を検出する加速度センサ

3.1，3.2 節では，構造物の応答を励起するために，インパルスハンマあるいはシェーカを用いて加振した。つぎには，図 3.12 に示すように，加振とい

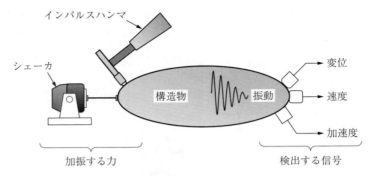

図 3.12 構造物の振動検出

う原因に対する結果としての応答を取得する必要がある．変位，速度，そして加速度の 3 種類を選べる．

ここで，力 f で構造物を加振したとき，変位 x を検出して求められる周波数応答 x/f をコンプライアンス，速度 $\dot{x}$ を検出したときの $\dot{x}/f$ をモビリティ，そして加速度 $\ddot{x}$ を検出したときの $\ddot{x}/f$ をイナータンスと呼ぶ（**表 3.5**）．ほとんどの場合，表下段の太枠で示すイナータンス（アクセレランスとも呼称）が用いられる．

表 3.5 周波数応答の種類

定　義	数式関係	単　位	呼　称
$\dfrac{変位}{力}=\dfrac{x}{f}$	$G(j\omega)$	$\dfrac{m}{N}$	コンプライアンス (compliance)
$\dfrac{速度}{力}=\dfrac{\dot{x}}{f}$	$j\omega\cdot G(j\omega)$	$\dfrac{m}{N\cdot s}$	モビリティ (mobility)
$\dfrac{加速度}{力}=\dfrac{\ddot{x}}{f}$	$-\omega^2\cdot G(j\omega)$	$\dfrac{m}{N\cdot s^2}$	イナータンス (inertance) アクセレランス (acceleranse)

表 3.5 には，コンプライアンスを $G(j\omega)$ とおいたとき，モビリティは $G(j\omega)$ に微分演算を施した $j\omega\cdot G(j\omega)$ であり，イナータンスはモビリティに対して微分演算を行うので $j\omega\cdot j\omega\cdot G(j\omega)=-\omega^2 G(j\omega)$ であることを示す．つまり，**図 3.13** のとおりである．

3.3 機械の振動を検出する加速度センサ

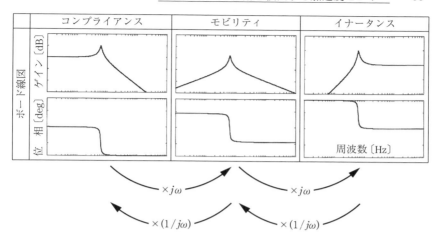

図 3.13 コンプライアンス，モビリティ，そしてイナータンスの相互関係

周波数応答分析装置には，微分演算 $j\omega$，および積分演算 $1/j\omega$ の機能がある。したがって，例えばモビリティの実測結果を取得した場合，このデータに対して微分演算 $j\omega$ を適用してイナータンスへ，積分演算 $1/j\omega$ を適用してコンプライアンスへと変換できる。つまり，モビリティの実測結果を放棄して，あらためてイナータンスもしくはコンプライアンスを再測定する必要はない。

96　　3. 振動の生成と検出のための道具

　イナータンス（アクセレランス）が多く用いられるということは，振動検出のために加速度センサが使われることを意味する。計測対象の構造物に貼り付けて加速度を検出するセンサには，おもに圧電形とサーボ形がある。以下，両センサの形状と原理，そして装着方法を説明する。

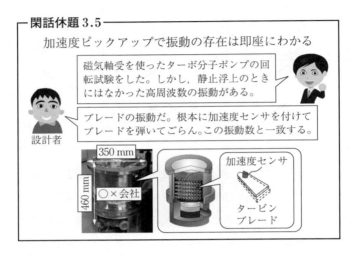

【圧電形加速度センサの形状】

　図3.14に圧電形加速度センサの形状の例を示す。図（a）は四角形状の3軸加速度センサである。これは金属ハウジングであり，アルミニウム，ステンレススチール，チタンなどが使われる。ここでは，BNCコネクタ付きハーネスは1本であるが，3軸同時計測の場合，あと2本が接続される。つぎの

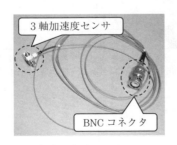

　　（a）　金属ハウジング　　　　（b）　セラミックスハウジング

図3.14　圧電形加速度センサの形状

図（b）はセラミックスハウジングのものである。

【圧電形加速度センサの原理】

圧電形加速度センサ（ピックアップとも略称）の構造体と接触する箇所が振動すると，圧電素子には電荷が発生する。これを，**圧電効果**（piezoelectric effect）という。より具体的に，**図3.15**に示すように，圧電素子におもりの慣性力が加わると，この素子の電極間には加速度に比例した電圧または電流が発生する。圧電素子に対する力の加わり方によって，図（a）の圧縮形と図（b）のシェア形に分類される。

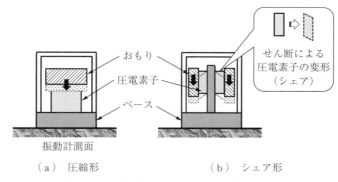

図3.15 圧電形加速度センサの信号検出の原理

【サーボ形加速度センサの形状】

サーボ形加速度センサの一形状を**図3.16**に示す。これは円筒状の形状で，手のひらに乗る大きさである。装着部位をつぎつぎと変えて振動を計測する場

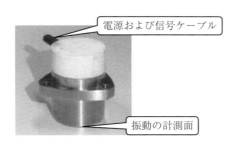

図3.16 サーボ形加速度センサの一形状

合，あるいはフィードバック用センサとして活用する場合に，図のタイプが用いられる。

【サーボ形加速度センサの原理】

サーボ形加速度センサでは，機械振動による振子の揺れを検出し，適切な補償を介した信号を使ってセンサ内蔵のフォーサコイルが励磁される。具体的に，振子を平衡位置に戻すサーボ系が構成されており，このときの電流値が加速度に相当する。

図 3.17 は，振子（しんし，ふりこ）の一例である。この場合，遊具のブランコのような形状を持つ振子である。弱いばね定数の板ばねを介して，ブランコは吊り下げられている。ブランコ下部のおもりと板ばねのばね定数で，振子

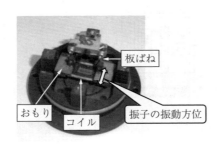

図 3.17　振子を内蔵するサーボ形加速度センサ

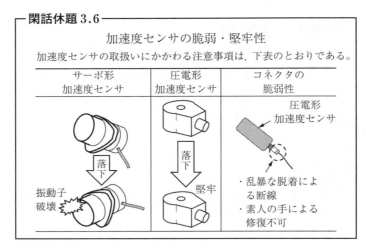

の固有振動数を設定している。

【装着方法】

加速度センサは機械構造物の振動検出の役割を持つ。そのため，構造物と一体化させてセンサを装着する必要がある。加えて，計測位置を頻繁に変える用途では，加速度センサの装着と脱着が容易であることも必要である。以下（A）〜（D）に，代表的な装着方法を示す。

（A）ワックス膜：**図3.18**に示す小型の加速度センサの場合，ワックスを使って密着度を上げて機械振動を計測することを推奨している。

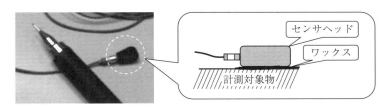

図3.18 圧電形で小型加速度センサのワックスを用いた装着

（B）両面テープ：大型構造物の振動計測の場合，低周波の振動を高感度で検出するためにサーボ形加速度センサが使われる。そして，構造物各所の振動を検出するので，このセンサの脱着を頻繁に行う。そのようなとき，**図3.19**に示すように，サーボ形加速度センサと構造物を両面テープで一体化させる。

（C）ねじ固定：**図3.20**（a）破線の丸印は圧電形加速度センサの振動検出

図3.19 両面テープを用いたサーボ形加速度センサの装着

（a） 圧電形加速度センサの
　　　固定ねじ

（b） サーボ形加速度センサの
　　　ねじ固定

図 3.20 ねじ固定による加速度センサの装着

面に設けられているねじ穴である。簡易な振動計測の場合，上記の（A）あるいは（B）の装着法を採用する。しかし，計測中に接合面のはがれ，あるいは脱落が懸念される場合，計測対象物にねじを立てて図（a）のねじ穴を活用する。

　図（b）は，保持ホルダに収めたサーボ形加速度センサを計測対象にねじ止めした写真である。ねじ固定は，モーダル解析のために加速度センサを装着する以外に，センサの出力をフィードバックに使う用途の場合，恒久的な接続をすることになるので採用される。

（D）　接　　着：計測対象の構造物の振動振幅が大きい，あるいは高周波数の振動であるとき，（A）のワックス膜や，（B）の両面テープを用いた加速度センサの装着法では，計測中にセンサのはがれもしくは脱落を招く。さらに，計測対象の構造物にねじ穴を設ける機械加工ができない場合，（C）のねじ固定は採用できない。このような場合，**図 3.21** に示すように接着剤を用いる。

（注意点）サーボ形加速度センサの質量が 75 g であるとする。振動を計測する

図 3.21 接着剤を用いた加速度
　　　　　センサの装着

物体には，このセンサを一体化するように装着する．つまり，加速度センサの質量付加によって，計測対象物の振動数が変化してはならない．

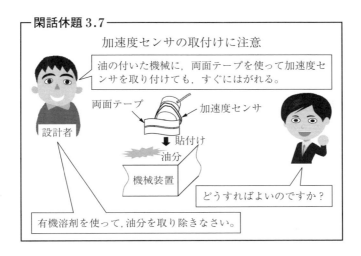

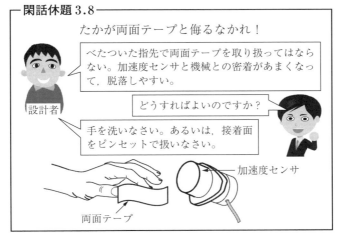

3.4 実機試験を行うときのノウハウ

【1点加振多点応答法と多点加振1点応答法の選択】

　実験モーダル解析の解説書を読むと，インパルスハンマでたたく点を固定し加速度センサを数多くの測定点に順に動かしながら測定する1点加振多点応答法，および加速度センサを1か所に固定しインパルスハンマを順に動かしていく多点加振1点応答法が記載されている．図3.22に測定のイメージを示す．

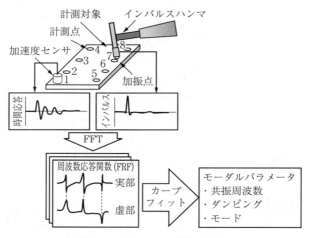

図3.22　インパルス応答の測定

　どちらを選ぶべきかと問われれば，迷わず1点加振多点応答法をお勧めする．理由は，現在は小型・軽量な3軸の加速度センサと4Ch以上のFFTアナライザが比較的安価に販売されており，実験モーダル解析ソフトも3次元のデータ分析ができるのが常識だからである．

　著者が新人技術者のころ，FFTアナライザは非常に高価であった．また，小型の3軸加速度センサも市場にはなく，必然的にインパルス応答は入力1Chに対して応答1Chであった．この場合，固定に手間のかかる加速度センサを移動する方法よりも，インパクト位置を動かしたほうが，はるかに実験時間が

短い。当時は,「いちいち加速度センサを動かしていくなんて面倒なことをやっていられるか!」と思っていた。なお,加振点を動かしていく多点加振1点応答法では,測定点のなかに,たたくとへこんでしまう素材,薄い板金部分,たたくとずれる構造などがあると,加振力が正しく測定できない。注意が必要である。しかし,得られるモードシェイプは,各測定点に対して1軸の応答となるため,3次元的な挙動を把握するためには,X, Y, Z軸の3回分実験が必要となるし,複雑な装置の各固有振動数におけるモードシェイプを把握するには,各軸における挙動を頭のなかで合成する必要があり,実験の当人でさえこの作業は容易でない。もちろん,モードシェイプを動画で保存できる機能などは存在しなかった。モードシェイプは,図 3.23(a)のように,各測定点に振幅を長さとした線をそれぞれ引いたり,図(b)のように1周期の位相を例えば5分割した各モードシェイプを重ね書きしたりして振動の腹と節とを示す絵でしか保存できなかった。そのため,上司からは「君の報告書は難しいね〜」と評価されることとなった。

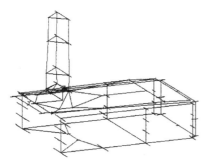
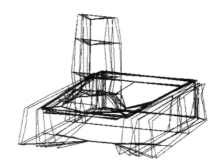

(a) 変形のない構造図に対して　　(b) 構造の変形を1周期分
　　各測定点に振幅を描いた例　　　　　重ね描きした例

図 3.23 1次元のモーダル解析によるモードシェイプの一例

現在,4Ch の FFT アナライザは 100 万円強で購入できる。3軸加速度センサも 10 万円程度で手に入る。すると,1点加振多点応答法を用いたとき,各測定点について1回のハンマリングで X, Y, Z 方向の応答が一度に取得できる。さらに,1軸の加速度センサを装置に固定するとき,3軸の挙動を測りた

104　　3.　振動の生成と検出のための道具

くてもその方向にはセンサを固定できない場合が多い。もちろん，装置表面を X, Y, Z の 3 方向にインパルス加振できるはずもない。

　つまり，小型・軽量の 3 軸加速度センサと 4Ch FFT アナライザの組合せは強力なツールとなる。奥に入り込んだ狭い部位の測定点でも，加速度センサさえ入れば測定が可能となる。なお，X, Y, Z 方向があわせられないではないかという心配があるかもしれない。各測定点におけるローカル座標をソフトのほうでそれぞれ定義できるので，センサの取付け方向さえ記録しておけば大丈夫である。これならば，加速度センサをいちいち動かさなければならないが，モードシェイプの把握までを含めたトータルの時間ははるかに短縮できる。また，実験モーダル解析ソフトは 3 次元挙動を動画で保存でき，報告書にはこれを埋め込める。すると，これらのツール導入後は「動きが見えてとてもわかりやすい！」と上司の評価が一転する。

　ところで，1 点加振多点応答法での問題は「節を加振したとき，固有モードは励起されない」という性質である。選んだ加振点が，ある固有モードについての振動の節であった場合，そのモードは測定できず見落とされる。では，加振点はどうやって選べばよいのか。慎重にことを進めるためには，測定対象において，加振点・応答点の両者ともさまざまに動かしながら得られた応答スペクトルを見て，すべての応答ピークが得られる加振点を探し当てるということになる。

　実用的な観点からは，構造の端が振動の節になることはほとんどない。そのため，ここを加振点にすればモードの見落としは防げる。つぎに加振方向の選択についてであるが，機械構造ではその前後左右上下の方向に振動する固有モードが多い。また，減衰比が非常に大きなモードでは，振動方向に一致する加振力がないと応答の S/N が悪くてモードを見落とすことがある。そこで，できる限り X, Y, Z のすべての方向の固有モードが励起されるよう斜め方向に加振する。実際には都合のよい斜めの平面が存在しない場合もある。このときには加振点を変えて再実験することもある。

3.4　実機試験を行うときのノウハウ　　105

【ストラクチャのつくり方】

　モーダル解析ソフトでは，各測定点の座標を入力しそれらの間を線で結んで表示するのが一般的である。これをストラクチャと呼ぶ。初めて実験モーダル解析を行うとき，「測定点はどれくらい設ければよいのだろう？」という疑問がわく。いうまでもなく，測定点は多ければ多いほうがモードシェイプを正確に把握するのに役立つ。特に経験が少ない初心者には，労力を惜しまずできるだけ多くの点を測定することをお勧めする。しかし，時間は無限にはないから必要最小限にしたい。

　以下にコツをいくつか述べる。まず，測定対象の形が容易に理解できるために，必要な分の測定点を用意すべきである。ここで手を抜くと，人に説明する際に，いや自分でもしばらくしたら，何を測定したのかわからなくなる。例えば，箱状の構造であれば少なくとも頂点の 8 か所を測定点とし，箱の形状となるように点間を線で結ぶ。板状の構造物であれば，最低でも外形がわかるように測定点を同一平面内に配置する必要がある。太い円柱状の構造物では，軸方向の同じ位置で 1 周 4 か所の測定点を線で結ぶと視認しやすい。一方，構造の一部に細い軸があるような場合，軸の周囲 4 か所を測定できなくても，軸中心に仮想の測定点をつくり，周囲の点の動きから補間処理で軸中心の動きを示せるようにすると見やすくなる（補間処理のできるソフトを使用する場合）。この補間処理機能は，どうしてもセンサを取り付けられないが，その点がないと構造の形状を把握しにくいという場合に便利である。この補間点を設ける際には，「実際の測定点の入りは黒色で，補間された点は赤色にする」ことで，「補間点の動きは間違っているかもしれない」ことを忘れないようにできる。

　ここで注意しておきたいが，まじめすぎる技術者は，測定点の座標を図面から読み取って厳密に入力してしまう。加速度計も大きさがあるからとその中心点にしようとしたりする。そんな厳密さには害しかない。構造がどのような形で振動しているかがわかればよい。例えば概略長方形の形状であるが，実験時にセンサをその形には置けず台形に配置したので，測定した形状どおりに座標を入力する，あるいは 3 点にしかセンサが置けなかったからと三角形状に座標

106   3. 振動の生成と検出のための道具

を入力すると，モードシェイプを描かせたときにそれが弾性変形した結果なのか，あるいはもとの形状がその形であったのか判別がつきにくくなる。形状を把握しやすくなることを優先して，かなりおおらかに座標を入力したほうがよい。いまどきのソフトには，3D CAD モデルを読み込んで，測定点を自動的に生成してくれる機能もある。しかし，実際にやってみればわかるが，測定しない点がほとんどとなり，実験データをすべての自動生成点に対応させられない。したがって，上記の補間機能を使おうということになるが，この補間機能のデフォルトでは補間される点に近接した複数の実測データから計算がなされる。しかし，実際には測定対象の部品が入り組んでいて「近くにはあるが別の構造物であり一緒には動かない」という場合も多い。これに対応するため，自分で補間のための測定データを選ぶこともできるが，補間点数が大量となれば選択の手間が膨大になる。ということで，著者はこの一見便利な機能は使わず，CAD データから各測定点の座標をそれぞれ読み取り，一覧表の形でメモをとってから入力する方法を用いている。このほうがシンプルなストラクチャとなってモードシェイプの理解も容易になる。

　以上のコツを用いてつくった装置全体に対するストラクチャの例を**図3.24**に示す。実際の装置を目の前にしたときと印象が大きく変わらないようにするのがよい。また，構造別に線の色（本書内では線の種類）を変えることで，重なって表示されたときにも混乱しないで済む。

【機械の固定法（境界条件）】

　実験モーダル解析を行うときは，対象を実装条件と類似した境界条件となるように固定・配置することが重要である。これを踏まえて単純な梁の固有モードを事例として説明する。**表3.6**は梁両端の境界条件を変えたときの固有振動数 f_n を計算する式である。1 次モードに関して，自由-自由と固定-自由の境界条件で固有振動数を比較すると，f_n は図中の式にあるパラメータ λ_r の 2 乗に比例することから，自由-自由の場合のほうが固定-自由に比べて固有振動数は約 6.4 倍も高くなる。つまり，構造の一部だけを取り出して，実験モーダル解

3.4 実機試験を行うときのノウハウ

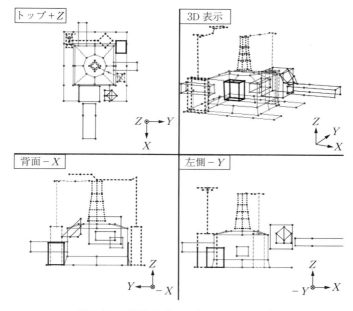

図 3.24 視認しやすいストラクチャの一例

表 3.6 境界条件による梁の固有振動数 f_n の違い

境界条件	振動モード	固有振動数 f_n
固定-自由	1次モード $r=1$ (l)	$f_n = \dfrac{\lambda_r^2}{2\pi l^2}\sqrt{\dfrac{EI}{\rho A}}$ $\begin{array}{c\|c} r & 1 \\ \hline \lambda_r & 1.875 \end{array}$
自由-自由	$0.224l$ $0.776l$ 1次モード $r=1$	$\begin{array}{c\|c} r & 1 \\ \hline \lambda_r & 4.730 \end{array}$

析を行うと，f_n もモードシェイプも実装時とはかけ離れた結果になる。

　一方，複雑な構造の装置において実装状態での実験モーダル解析を行うと，測定したい**振動モード**（vibration mode）の固有振動数とさまざまな部分のそれとが近接して，区別がつきにくくなる。また，現実的に実装状態のモーダル

解析が不可能な場合もある。そのような場合，実装状態に比較的近い構造の治具を用意して実験に用いるのが適切である。モーダル解析したい構造が取り付けられている比較的大きな部品をそのまま治具としてもよいだろう。やりがちな間違いは，測定対象のユニットを組み立てるためだけの治具を流用してモーダル解析を行う方法である。この場合，組立て用治具の固有モードが測定されるので，対象ユニットの固有振動数の存在する周波数帯に治具の固有振動数があると，いったい何を測っているのかわからなくなる。当然，モーダル解析の結果をもとに改良案を考える際に間違った対策に導いてしまう可能性がある。測定治具が適切であるかどうかの判断のためには，実装時に加振実験を行い，測定される応答のピーク周波数と治具上での固有振動数とが大きく異なっていないかを確かめる方法がある。また，治具上でモーダル解析を行う場合には，治具を床から除振したほうがよい。さもないと床も測定する構造体の一部になる。除振には柔軟な厚手の発泡樹脂のシート材料などが適する。治具の質量と除振用素材とによる固有モード（6自由度なので六つのモード）は，測定対象の固有振動数よりも十分に低く，干渉しないようにするのが望ましい。

【実験に向く人，不向きな人】

差別的な発言にならないよう十分注意したい。実験モーダルに向かないなあと思う人をときどき見かける。

ある日，実験モーダル解析を教えた後輩が実験結果を持ってきた。「どうやったらこうなるのか理解できない」ほど，滅茶苦茶であった。実験に立ち会ったところ，両面テープで固定した加速度センサを触ると，いとも簡単に外れてしまった。これではまともなデータをとれるはずがない。センサを貼り付ける面は，教えたとおりあらかじめ溶剤で油を除去してあった。

「どうしてなのだろう？　ちょっとセンサを貸してみな」といいながら彼の手に触れた瞬間にわかった。極度の汗っかきだった。両面テープを新しくしても非粘着のための保護シールをはがすときに両面テープ面に汗が付く（【閑話休題3.8】参照）。それなら手袋をすればよいが，粘着テープを取り扱う際に

3.4 実機試験を行うときのノウハウ 109

手袋は非常に煩わしい。彼には「テープがすぐはがれるようではうまくいかないよ」とだけアドバイスした。ほかにも，緊張体質なのか心配性なのか，加速度センサを貼り付ける作業を悩みながら何回も繰り返す人もいた。いつになったら実験が終わるのだろうと眺めていた。

　応答がおかしくなるパターンには，このようにセンサの取付けが不適切な場合のほかに，圧電形加速度センサの取扱いに起因することもある。積層ピエゾ素子を用いた圧電形加速度センサに大きな加速度がかかると，内部に電荷がたまる。これはしばらく時間をかければ放電する。しかし測定点の移動時にこの現象がおこる場合がある。十分な放電を待たずにハンマリングを行うと，応答波形にこの放電に伴う直流成分の変化が含まれる。通常，モーダル解析において，応答信号には窓関数をかけない（レキュタンギュラ ウインドウということもある）。すると，応答波形の最初と最後の値が異なる。そのため，FFT処理する際に**リーケージ**（漏れ）が発生し，特に低周波域に偽の応答が測定される。これを防ぐために加速度センサの波形をつねにモニタしておき，電圧がほぼ0に戻ったことを確認してからつぎの測定を開始するようにしている。

　同様なリーケージ問題は，ハンマリング応答を複数回の平均値で取得する場合にもおこる。特に減衰比が小さい対象の測定時におこりやすい。応答波形が十分に収まっていないうちに，つぎのハンマリングを行ってはいけない。短気な方はご注意願いたい。モーダル解析にはある程度の忍耐力もいる。短気ではない方も，測定点が数百点を超え，一人で実験をしていると，疲れてきて待てなくなり，このようなミスをおこしがちである。疲れによるミスの被害を大きくしないために，重要な測定点についてはできるだけ実験の早い時期に測定することにしている。

　つぎに，前述の【ストラクチャのつくり方】で説明したが，測定対象の原形がまったく想像できないほどに測定点を少なく設定し，したがってモードシェイプがとても判別できない状態で報告書を提出している方もお見かけする。意図的に読者にわからせなくしようとしているかのようであった。まあ，こういうのは技術者としてどうなのだろうかという話もあるが…。とはいえ，経験が

浅いころ「この部分には注目していないから」と測定点を省略してしまい，痛い目にあったことがある．ある周波数で測定したところ，装置全体が振動しているが，弾性変形している様子がなく剛体的に振動しており，何が原因かわからなかった．じつは測定を省略した部位のみがその周波数で大きく振動しており（**ローカルモード**，**局所モード**），その反力によってほかの部位を動かしていた．つまり，思い込みで，もっと正直にいえば労力を惜しんで，測定点を減らしてはならない．

4

実例を通して実感できる
実験モーダルと**ODS FRF**の偉力

　2章では，初歩的な機械振動の計測法を紹介した。つぎに，機械振動の特定を行い，工学的な解釈に基づきこれを解消した実例を述べた。さらに，機械振動が発生したとき，ほとんどの場合ゴムを敷いて対処するが，失敗を避けるための注意点を述べた。

　4章でも，機械振動の特定とその対策の実例を紹介する。2章と異なる点は，機械振動の特定を系統立てて実施していることである。

4.1　ステージの位置の偏差波形に紛れ込む
　　機械振動の正体を暴く

【プロローグ】

　図4.1では，モータの回転を送りねじ・ナットという運動変換機構を介して直線運動に変換し，位置決めステージを駆動している。レーザ干渉計を使ってステージの位置を計測し，これを図示していないフィードバック制御系に導いて位置決めが行われる。この制御系内のパラメータ調整および経時的変化によって，レーザ干渉計で計測される位置の偏差波形は多様な変化を見せる。

　図の右側上段は振動的な応答の後に収束する波形，2段目は高周波数の持続振動，3段目は即座に収束する波形，そして4段目は所定の期間だけ発振した後に収束する波形を示す。これらで，望ましい位置の偏差波形は3段目である。しかし，この3段目の波形が，位置決めの場所に依存せずに，かつ長期にわたる繰返しの位置決めにおいても維持され続けることはなく，容易に発振す

112   4. 実例を通して実感できる実験モーダルと ODS FRF の偉力

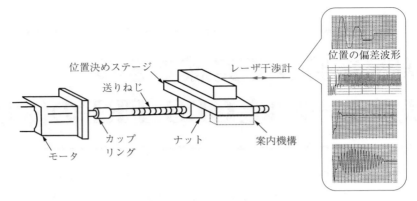

図 4.1　変幻自在に変化する位置の偏差波形

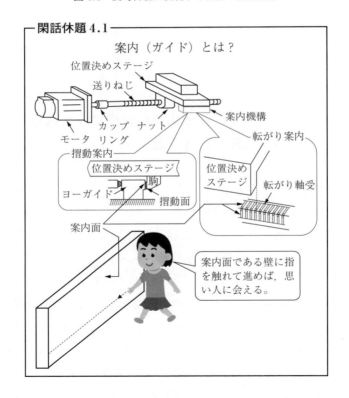

4.1 ステージの位置の偏差波形に紛れ込む機械振動の正体を暴く 113

る。この状況を改善するため，機械的あるいは制御系に工夫を凝らしたい。そのためには，発振の原因を知る必要がある。

【実験モーダル解析】

図 4.1 のように，位置の偏差波形は変幻自在である。このなかの発振周波数にはいくつかの種類があり，位置決め機構に原因があると考えられる。これらを特定したとき，位置の偏差波形を場所によらず同一にし，位置決め時間を短縮する対策を講じることができる。そこで，実験モーダル解析を行った。具体的に，ステージの 4 隅であって，図 4.2 に示す○および●印の方向にインパルス加振したときの応答波形を加速度センサで計測した。

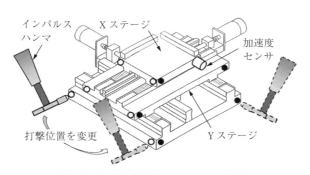

図 4.2 加振方法（多点加振 1 点応答法）

【位置決めステージの主要な振動モード】

図 4.3 に位置決めステージの 3 種類の振動モードを示す。具体的に，モード 1，モード 2 は剛体並進，モード 3 は剛体回転である。

さらに，振動発生の原因は，モード 1 については X ステージ上に搭載の微動ステージ，X ステージ，そして Y ステージを一体として支える Y ステージ下部の剛性不足である。モード 2 については，共振周波数が X ステージの位置によって変化する性質を持つ。このことは，別の試験によって明らかとなっている。しかし，共振部位の特定はできていない。そして，モード 3 は，位置の偏差波形には発現していない。理由は，インパルス加振では回転中心から加

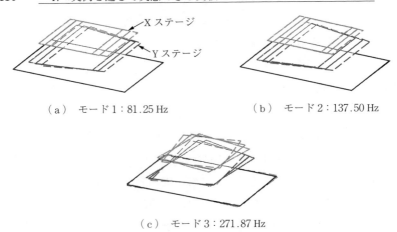

（a） モード1：81.25 Hz　　（b） モード2：137.50 Hz

（c） モード3：271.87 Hz

図4.3 位置決めステージの振動モードの特定

振点までの距離があるため，モーメントがステージに与えられて共振が励起される。しかし，実際の位置決めにおいては，モータの駆動によるステージに印加されるモーメントは小さいため，モード3が励起されないと考えられた。

【位置決め改善のための方策】

図4.3に示す共振モードは，剛体運動として特異なものではない。わかってしまえば，ありふれたモードとして理解される。つまり，「幽霊の正体見たり枯れ尾花」の感がある。

もちろん，モード1の周波数がYステージの位置によって，モード2のそれはXステージの位置でそれぞれ変化するという事実は，図4.1右側の位置の偏差波形を漫然と眺めているだけでは知り得ず，実験モーダル解析の取組みによって判明したことである。したがって，位置決め時間短縮および精度確保という命題を満たす取組みの過程で発振現象が生じたとき，この部位を明確に把握できることになる。

一方，図4.3に示す位置決めステージの共振を高域へ移動させる，あるいはダンピングを付与し，最終的には位置決め特性を改善したいという目的の達成にとって，精緻な分析の先にある改善の提案がほしい。

残念ながら，図4.3の結果は，モードの特定および共振部位の推定に留まっている。計測結果から，位置決め特性を改善する具体的な方策は提示できてはいない。この事例がすべてではないが，モーダル解析の精緻な結果だけが示され，それがげんに稼働している装置の改善，あるいは次期の設計に資する知見にまで昇華されないことが多い。そのため，実験モーダル解析は，所詮は解析あるいは分析行為であって，設計に資するものではないという評価になっていると思われる。

4.2 振子の動きを矯正

【プロローグ】

高層ビルの場合，ノッポであるために風によっても揺れが生じる。いわんや，地震発生時の揺れは甚大となる。この揺れを抑えるため，**図4.4**のようにビル屋上には制振ダンパが備えられる。ダンパはビルの揺れを振動センサ（一般には速度センサ）で検出し，この出力に応じて制振ダンパ内の振子の動きをコントロールする制御装置の一種である。狙いとする制振効果を得るために，振動センサはビルの動きを忠実に検出する必要がある。

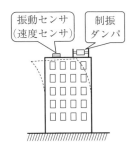

図4.4　制震ビル

【振動センサとは】

図4.4で使用の振動センサは，一般には速度センサである。このセンサでは，加速度および速度という2種の振動が同時検出される。センサの機械および制御構造を見ると，振動子の揺れを，内蔵するサーボ系の働きによって平衡

位置まで戻すときの信号を速度あるいは加速度に対応させている。つまり，振動センサそのものは，サーボ系を必須とする機械装置といえる。

速度センサと同種の振動センサとして，**図 4.5** に示す絶対変位センサがある。これらのセンサでは，検出可能な周波数帯域が広く，かつ高感度であることが望まれる。図 4.5 においては，ゲイン k_f を大きくする調整によって検出帯域が広げられる。実測結果の**図 4.6** を参照して，「k_f 調整前」に比べて，ゲインを上げた「k_f 調整後」のほうが帯域は拡大している。もちろん，帯域を広

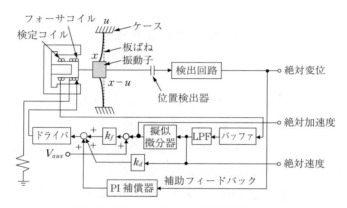

図 4.5　振動センサのなかの絶対変位センサ

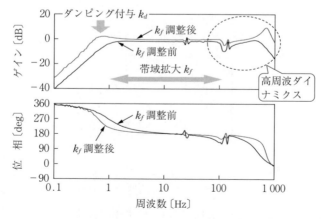

図 4.6　絶対変位センサの周波数特性

げたうえで感度も上昇するという都合のよいことにはならない。「k_f 調整後」のゲインは 0 dB に接近しており，じつは感度が低下している。さらに，帯域拡大による副作用も生じている。その一つ目は，1 Hz より低いところの共振が目立ち始めたこと，二つ目は楕円の破線で囲む箇所の共振が先鋭化したことである。前者については，ダンピング付与の機能を持つ k_d の調整によって，共振を抑えられる。しかし，楕円の破線で囲む高周波ダイナミクスは，図 4.5 のサーボ系の補償器のいかなるパラメータを調整しても対処できない。それは，振動子という機械系そのものに高周波ダイナミクス発現の原因があるからである。

具体的に，振動が絶対変位センサのケースに入力されたとき，**図 4.7（a）**の振動子は，2 個の板ばねが等しく屈曲するように設計されている。つまり，図（b）の動きを基本とした構造設計がなされている。ところが，同一に製造した板ばねであるが，特性に差異はある。加えて，2 個の板ばねで支える振動子には不可避な偏重心があるため，図（c）のようにねじれた振動が励起される。この動きが，図 4.6 における高周波ダイナミクスである。

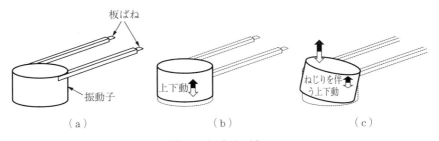

図 4.7　振動子の揺れ

【実験モーダル解析の実施】

図 4.6 の楕円の破線で囲む共振がどのような振動子の動きなのかを明らかにしない限り，高周波ダイナミクスを解消し，振動検出の広帯域化は望めない。実験モーダル解析とは，機械系の動き方を明らかにする手法のことを意味する。通常，加振のためにはインパルスハンマあるいはシェーカを使い，振動検

出のためには加速センサを使う。

しかし，弱い板ばねで支えられた振動子を直に打撃することはできない。板ばねを変形させたとき，振動子を滑らかに動かすことはできなくなるからである。加えて，小型の加速度ピックアップでさえ，振動子に貼り付けることは困難であるばかりか，仮に装着できても振動子の質量を変え，かつ大きな偏重心を与えるため，素の振動子の特性にはなり得ない。

そこで，**図4.8**に示すように，振動子を電気的に強制加振したうえで，振動子各所に変位検出のためのレーザ光を照射した。

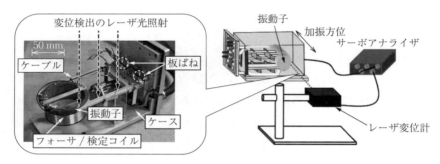

図4.8 振動子の揺れ方を見極めるための実験モーダル解析

周波数応答の計測結果を**図4.9**に示す。縦破線で示す150，240，480 Hzで共振が発生している。

まず，150 Hzに関して，振動子の4番と7番の場所では共振がない。つまり動かない。言い換えると，振動の節になっている。さらに，振動子の3番と8番の位置では，図上段のゲイン曲線を見るとピークが生じているので，共振している。同時に，図下段の位相曲線を見ると，3番の位置では位相が遅れ，8番では位相が進んでいる。したがって，**表4.1**上段に示すように振動子が共振している。240および480 Hzの共振についても，ゲイン曲線のピークの有無，および位相曲線から振動子の共振の姿態，すなわちモードを知ることができる。結果は表の中段と下段のとおりである。

4.2 振子の動きを矯正　119

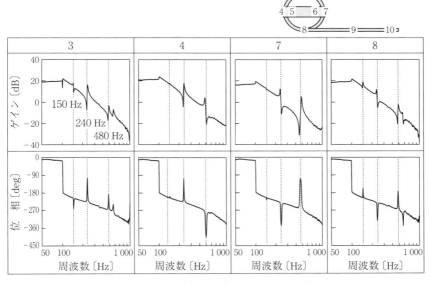

図 4.9 実験モーダル解析による周波数応答の実測結果

表 4.1 実測結果に基づく振動子の振動モードの特定

4. 実例を通して実感できる実験モーダルと ODS FRF の偉力

【解決策】

振動子の機械構造を変更することは，一般には容易にできない。現状の構造のままで改良を施すことになる。ここでは，振動子の質量を変えない微小なマ

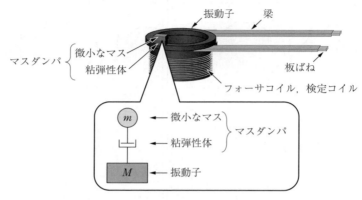

図 4.10 微小なマスダンパの付加

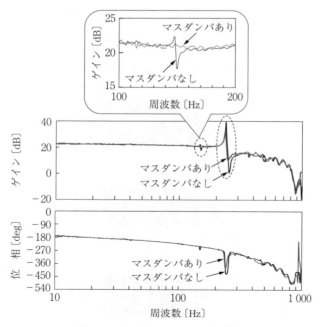

図 4.11 マスダンパを付加した結果

スを付加する。しかも，ダンピング機能もあわせ持たせており，いわゆる**マスダンパ**（mass damper）を振動子に付加する。

マスダンパとは，**図 4.10** の吹出し内に示すように，粘弾性体を介して微小なマスを付けたものである。これを振動子の，具体的にはフォーサコイルを巻くボビンの上側の縁に取り付ける。

図 4.11 に，マスダンパの有無による周波数応答の一例を示す。図より，150 Hz の振動（表 4.1 上段）はマスダンパ付加で完全に消滅している。240 Hz の振動（表 4.1 中段）については，先鋭的なピークを抑制している。

4.3 長い筒の振動を止める？
～耐振性向上には固有モードの高周波化が必須という思い込み～

【プロローグ】

図 4.12 は透過型電子顕微鏡（TEM）鏡筒の曲げ振動モードのモードシェイプである。このモードシェイプから想像できるのは，「おそらく電子ビーム軌道が曲がって観察像が振動するだろう」であろう。ところで，2.12 節で説明したように1自由度振動系において，固有振動数よりも十分に低い周波数の強制振動入力による相対変位は，固有振動数の2乗に反比例する。すなわち，低

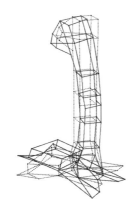

図 4.12 TEM 鏡筒の曲げモードシェイプ（実測値）

122　　4.　実例を通して実感できる実験モーダルと ODS FRF の偉力

周波の振動入力によるたわみを減らし，耐振性を上げるには，固有振動数を高めることが有効である。

　著者が新人の頃，耐振性を上げるにはとにかく固有振動数を高めなければならないと教えられ納得していた。そのため，鏡筒の曲げモードについても固有振動数を高めれば耐振性が向上すると思っていた。

　しかし，長い TEM 鏡筒の固有振動数を高めるのは容易なことでない。**表4.2** は，形状，材質，そして支持部の境界条件を変えた場合に対する梁の固有振動数 f_n（$r=1$ の 1 次から $r=3$ の 3 次モード）の計算式である。次式に f_n を再掲した。

$$f_n = \frac{\lambda_r^2}{2\pi l^2}\sqrt{\frac{EI}{\rho A}} \tag{4.1}$$

　式 (4.1) で，l：梁の全長，E：ヤング率，I：断面 2 次モーメント［円柱の場合，$I=(\pi/64)\cdot d^4$，d：円柱の直径］，ρ：密度，A：断面積，である。支配的なパラメータは l であり，f_n はこの 2 乗に反比例する。梁断面が円柱である場合，つぎに影響の大きなパラメータは d であるが A が分母にあることから f_n は d の 1 乗に比例して，l の影響は及ばない。すなわち，鏡筒の直径 d を大きくしても，曲げモードの固有振動数 f_n はたいして高くはならない。

　ここで，本節の主旨とは少し離れる。梁の固有振動数への境界条件の影響に注目する。1 次モードに関して各境界条件で固有振動数 f_n を比較する。f_n はパラメータ λ_r の 2 乗に比例する。したがって，f_n が最も低い［固定-自由］の場合に比較して，［支持-支持］では 2.8 倍，［固定-支持］および［支持-自由］では 4.4 倍，［固定-固定］および［自由-自由］に至っては 6.4 倍も f_n が高くなる。つまり，構造の一部だけを取り出して，実験モーダル解析を行うと，固有振動数もモードシェイプも実装時とはかけ離れた結果になる。なお，この境界条件の設定はコンピュータシミュレーションによる計算モーダル解析時にも大変重要である。現実にあった境界条件を選択する必要がある。

　この境界条件の大きな影響について無理解な技術者が実験モーダル解析を行う場合によく見られる光景は，試料ステージのユニットのみを，あるいは，部

4.3　長い筒の振動を止める？〜耐振性向上には固有モードの高周波化が必須という思い込み〜　123

表 4.2　梁の曲げ振動の固有モードと固有振動数

境界条件	振動モード	固有振動数		
固定 – 固定	l, $0.5l$, $0.359l$, $0.641l$	$f_n = \dfrac{\lambda_r^2}{2\pi l^2}\sqrt{\dfrac{EI}{\rho A}}$		
		r	1 / 2 / 3	
		λ_r	4.730 / 7.853 / 10.996	
固定 – 支持	$0.557l$, $0.386l$, $0.692l$	r	1 / 2 / 3	
		λ_r	3.927 / 7.069 / 10.210	
固定 – 自由	$0.774l$, $0.868l$	r	1 / 2 / 3	
		λ_r	1.875 / 4.694 / 7.855	
支持 – 支持	$0.5l$, $0.333l$, $0.667l$	r	1 / 2 / 3	
		λ_r	π / 2π / 3π	
支持 – 自由	$0.308l$, $0.617l$, $0.898l$, $0.446l$, $0.853l$, $0.736l$	r	1 / 2 / 3	
		λ_r	3.927 / 7.069 / 10.210	
自由 – 自由	$0.132l$, $0.5l$, $0.868l$, $0.224l$, $0.776l$, $0.094l$, $0.644l$, $0.356l$, $0.906l$	r	1 / 2 / 3	
		λ_r	4.730 / 7.853 / 10.996	

品単体のみを取り出して測定を行うというものである．この場合，［自由-自由］に近くなるため，実装時よりも高い固有振動数が測定される．また，モードシェイプも実装時とはかけ離れる．もし，部品単品でモーダル解析を行い，十分高い固有振動数が得られましたと報告しようものなら，実装時に発生した固有振動数の低さに愕然とする．計算によるモーダル解析でも同様である．実装

時を模した境界条件を付与しなければ，正しいシミュレーション結果は得られない。

話を鏡筒の固有振動数を高める方法論に戻す。全長を変えられないのなら，効果は高くなくとも，図 4.13 の解決策 1 に示す鏡筒の直径を大きくする，あるいは解決策 2 のように，鏡筒周囲に軽量で剛性が高いトラス構造の補強部材を配置する方法もありそうだ。しかし，前者は装置が重くなるデメリットがあり，後者は装置が大きくなり，かつ鏡筒へのアクセスを困難とするデメリットがある。

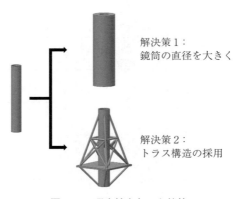

解決策 1：
鏡筒の直径を大きく

解決策 2：
トラス構造の採用

図 4.13　現実性を欠いた鏡筒の固有振動数の向上方法

【対策のための調査】

1 自由度振動系のアナロジーで考えたとき，低周波振動に対する耐振性を向上させるには鏡筒の曲げ振動の固有振動数を高めなければならないという結論に達した。固有振動数 f_n は全長 l の 2 乗に反比例する。そして，耐振性（相対変位量）は f_n の 2 乗に反比例する。これは大変である。全長が 2 倍のとき耐振性は 1/4 になるではないか。しかし，ここで何かがおかしいと気が付く。TEM には全長 2 m ほどのものもあれば 4 m を超えるものもある。それにもかかわらず，検査では仕様分解能の像が取得されている。もし耐振性が 1/4 にまで低下していたなら，仕様未達の事態が頻繁におきても不思議ではない。

4.3　長い筒の振動を止める？〜耐振性向上には固有モードの高周波化が必須という思い込み〜

　何がおかしかったのか。鏡筒の曲げの耐振性への影響度合いに，1自由度振動系のアナロジーを適用したのが間違いなのではないか。このように思い，鏡筒側面からばねばかりを用いて荷重をかけた。このときの像移動量を，荷重をかける高さを変えて測定した。荷重をかける方向は直交2方向とした。また，TEM, 走査型透過電子顕微鏡（STEM）の各観察モードにおいて比較した。

　結果を図4.14に示す。像移動量については，STEM観察モードにおいてX方向に荷重をかけたときの最大値を1として規格化した。結果から，TEM, STEM両観察モードについて，ある高さ以上から像が移動し，その高さ位置からの距離が長くなるほど像移動量が比例して大きくなる。また，TEM, STEM両観察モードにおいて像移動量がほぼ等しい。この結果は機械的な曲げ剛性ではなく，与えた荷重に対する像の移動距離を測定しているという意味で，鏡筒の「電子光学的な」曲げ剛性を評価したといえる。

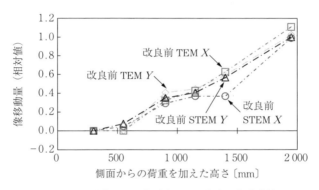

図4.14　鏡筒側面に荷重をかけたときの像移動量

　ここで，TEM, STEMの各観察モードにおける電子光学系の違い，および鏡筒の曲げ変形の像への影響について，図4.15に示す簡単なモデルで説明する。まず，TEM観察モードにおいては，電子銃のエミッタで発生した電子ビーム（図中一対の実線で示す）をコンデンサレンズ，コンデンサミニレンズ，および対物レンズを用いて平行ビームとして試料に照射し，透過したビームを対物レンズ，中間レンズ，そして投影レンズで拡大し，蛍光板あるいはカメラ上で

126   4. 実例を通して実感できる実験モーダルと ODS FRF の偉力

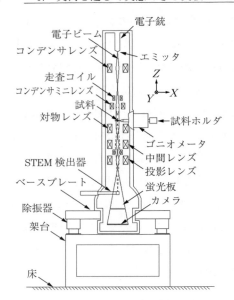

図 4.15 TEM の概略構造

結像させて像を観察する。試料を保持する試料ホルダは，位置決め用のゴニオメータに挿入されている。つぎに，STEM 観察モードにおいては，電子ビームが試料に対し平行照射ではなく 1 点に収束され（図中の試料近傍），透過した電子ビームの強度を下方の STEM 検出器で測定する。そして，電子ビーム照射位置を偏向コイルにより試料面上で 2 次元走査することによって，透過電子ビーム強度の強弱から STEM 像を得る。一般に，鏡筒では，試料より上部を照射系と称し，下部を結像系と称する。上記の説明から理解されるように，TEM 観察モードの場合，試料の像と蛍光板との相対変位が観察分解能に影響する。このとき，照射系の弾性変形は照射される平行ビームの位置が移動するだけで，分解能に影響を与えない。これに対し STEM 観察モードにおいては，ビームの照射位置と試料との相対変位が像振動の振幅と一致するため，照射系の弾性変形が影響する。一方で，結像系の変形は TEM 観察モードでは観察分解能に影響するが STEM 観察モードでは影響しない。これは電子ビーム位置が多少動いても STEM 検出器の入口のほうが十分に広いからである。

さて，問題は図 4.14 に示すように，TEM, STEM の両観察モードで共通して

鏡筒の曲げ変形が像移動に影響する要素は何かということである。

説明のため，便宜的に対物レンズ周辺部を照射系と結像系とに分ける。床振動の伝達によって鏡筒に水平方向の加速度がかかり，各部の慣性力によって弾性変形が発生したときの様子を**図 4.16**に示す。一定加速度によるたわみをイメージしやすくするため鏡筒を 90°回転させ，あたかも重力加速度がかかったときのように描いた。曲げ変形を示すために，ベースプレートを固定した場合で説明を行う。また，鏡筒には含まれないがゴニオメータと試料ホルダも同時に検討に加える。

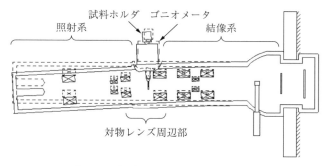

図 4.16 加速度による鏡筒の弾性変形

まず，この両者に関しては，自重による弾性変形がそのまま試料の移動量となる。そのため，1 自由度振動系としてモデル化できる。つぎに，STEM 観察モードにおいては，電子銃のエミッタ部の弾性変形量が STEM 像の移動量に影響する。しかし，照射系では電子ビーム径はおよそ $1/1\,000$ に縮小される。すなわち，エミッタ部の振動量の像振動への影響は $1/1\,000$ に縮小される。具体的に，STEM 像の分解能を $0.1\,\mathrm{nm}$ とすれば，エミッタ部の許容移動量はその 1 000 倍の $0.1\,\mathrm{\mu m}$ となる。

一方，TEM 観察モードにおいては，試料を透過した電子ビーム径は結像系で拡大される。したがって，結像系の機械的な弾性変形量も拡大されて観察像を移動させる。このモデルにおいては照射系の質量による曲げモーメントが結像系を変形させるため，照射系の質量を減らす，あるいは長さを短くすること

が重要である．しかし，観察倍率が 100 万倍である場合にも結像系におけるビーム拡大率はおよそ 10 000 倍である．つまり，蛍光板上では観察分解能 0.1 nm の 100 万倍，すなわち 0.1 mm が分解能に対する許容量であるのに対し，この 1/10 000 の 10 nm が結像系の弾性変形の許容値となる．これは，STEM 観察モードにおける照射系の影響に比べれば 1 桁大きいが，弾性変形の許容値が観察分解能に一致するゴニオメータと比較すれば影響は 2 桁小さい．以上のように，照射・結像系の鏡筒の弾性変形は，像移動に対して比較的小さな影響しか及ぼさない．

最後に対物レンズ周辺部の剛性に関して検討する．**図 4.17** にこの部位周辺の構造をより詳しく示す．1 対のポールピースは非磁性材のスペーサを介して一体で形成されている．ポールピースは対物レンズの内ヨーク上に，内ヨークは外ヨーク A にそれぞれ固定されている．外ヨーク B は外ヨーク A 上に固定され，外ヨーク B の上部はポールピース上極と機械的に接合されず，磁路を妨げない程度のわずかなギャップが設けられている．外ヨーク B と内ヨークとの間にはコイルが設置され，これに電流を流すことで，磁場レンズが形成される．外ヨーク A の上部内側には非磁性材のゴニオステージが固定され，ゴ

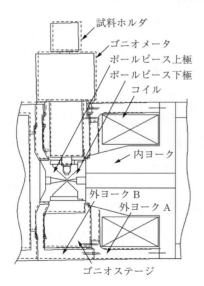

図 4.17 対物レンズ周辺の構造

ニオメータはこのステージに設置されている。図 4.16 の弾性変形と同様に，外ヨーク A に曲げモーメントがかかり，図 4.17 の実線で示す弾性変形が発生すると（破線は変形なしの状態），外ヨーク A の上部に固定されたゴニオステージ，ゴニオメータ，そして試料ホルダの移動量は，外ヨーク A のたわみ角によってさらに拡大される。すなわち，外ヨーク A の弾性変形の許容値は観察分解能よりも小さくなる。その影響度はゴニオメータ自身の弾性変形より大きい。さらに，外ヨーク A には照射系の質量による全モーメントがかかる。そのため，この部位の機械剛性は鏡筒全体の電子光学的剛性に非常に大きな影響を与える。外ヨーク A の弾性変形の影響は試料の移動と等価であるため，TEM, STEM 観察モードの両者において分解能に影響する。したがって，図 4.14 は，対物レンズ周辺，特に外ヨーク A の弾性変形の結果と判断された。この部位に弱いばね要素が支配的に集中していると考えれば，ここから鏡筒に対する荷重位置までの距離に比例して像移動量が増えたことの説明がつく。

【対策案の検討と評価】

　対物レンズの外ヨーク A の曲げ剛性は，電子光学的曲げ剛性において非常に重要であるとわかった。そこで，**図 4.18** に示すように外ヨーク A の上部と内ヨークとを，ボルトで固定された二つの部品からなる補強フランジで接続した。これら部品の各ヨークとの接続部は接合部の全面を接着し，高剛性に接合されるようにした。外ヨーク A と内ヨークの接合によって外ヨーク A の曲げ剛性を高めるだけではなく，両ヨーク間の相対変位，すなわちポールピースと試料との相対変位が抑制される。言い換えれば，対物レンズのポールピースと試料間のループ構造の剛性を高めた。

　改良前後で，図 4.14 と同様の実験を行い比較した。TEM 観察モードにおける比較を**図 4.19** に，STEM 観察モードにおける比較を**図 4.20** に示す。どちらの観察モードに対しても効果は顕著であり，TEM 観察モードに対する鏡筒の電子光学的曲げ剛性は 5 倍程度に，STEM 観察モードに対しては 10 倍程度に著しく改良された。

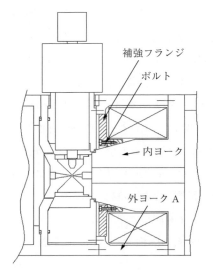

図 4.18 対物レンズ周辺部の剛性改良

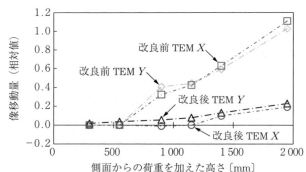

図 4.19 鏡筒の側面に荷重をかけたときの像移動量比較（TEM 観察モード）

さて，鏡筒の曲げ変形に対する像移動量への影響は抑制されたが，曲げモードの固有振動数はどれほど変化したであろうか．評価するため改良前後で実験モーダル解析を行った．その結果，改良後で曲げモードの固有振動数はわずか5％しか上昇しなかった．鏡筒の曲げモードの固有振動数は鏡筒全体の弾性変形量で決まる．したがって，鏡筒のごく一部の剛性を高めても固有振動数にはほとんど影響しない．

4.3 長い筒の振動を止める？～耐振性向上には固有モードの高周波化が必須という思い込み～　131

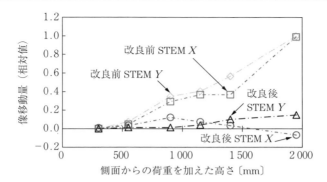

図 4.20　鏡筒の側面に荷重をかけたときの
像移動量比較（STEM 観察モード）

以上のことから，TEM 鏡筒の曲げモードの固有振動数と低周波振動に対する耐振性とには，まったく関連がないことが明らかになった。鏡筒の耐振性の設計指標として，曲げモードの固有振動数を用いるのは誤りである。現象の本質を無視して，1 自由度振動系のアナロジーを適用してはならない。

さて，1 自由度振動系において，耐振性を示す式 (2.9) を振り返ってみよう。次式にこれを再掲した。

$$\left| \frac{x-x_0}{x_0} \right| \approx \left(\frac{f}{f_n} \right)^2 \tag{4.2}$$

耐振性が高いとは，強制振動入力時の相対変位量 $(x-x_0)/x_0$ が小さいことである。すなわち，f_n を高くすることによって f/f_n が小さくなり，耐振性が向上する。式 (4.2) について，$f_n = (1/2\pi) \cdot (k/m)^{1/2}$ を代入すれば，相対変位量は質量 m に比例し，ばね定数 k に反比例する。こちらのほうがより本質的な見方である。軽量になることで，同じ加速度に対する慣性力が小さくなればたわみ量は減る。また，ばね定数をより高くする方法でもたわみ量を減らせるということである。

この改良により，図 4.13 に示した方法とは異なり，鏡筒の見た目をまったく変えることなく，鏡筒の曲げによる像の移動を効果的にスマートに抑制できた。この成果はモーダル解析からだけでは得られなかった。一見，原始的に見

える荷重に対する像移動量の評価法を併用したおかげである。

【まとめ】

TEM 鏡筒の電子光学的な剛性改良を具体的な事例として，高い固有振動数が高い耐振性に結びつかない場合があることを示した。この関係はあくまでも1自由度振動系としてみなせる対象について成り立つ。実際の対象に1自由度振動系という単純なモデルを適用できるかどうかは，物理的な見地から検討する必要がある。また，モーダル解析においては，境界条件を実装状態に近くあわせこまなければ固有振動数もモードシェイプも大きく異なってしまう。

4.4　磁場シールドの騒音振動による変動磁場の発生
　　〜ハンマリングによらない
　　　モードシェイプの可視化〜

講じた対策が別の問題，すなわち副作用を引きおこすということはよくある。以下では，磁場シールドが磁場の発生原因になったという皮肉な事例とその対策である。

図 4.21 は走査型電子顕微鏡（SEM）のおもな構造の断面図である。電子銃で発生し加速された電子ビームはコンデンサレンズ，対物レンズで収束され，試料ステージで位置決めされる試料上の一点に照射される。照射された電子ビームにより発生した2次電子の強度を図示しない検出器で測定する。そして，電子ビームの照射位置を走査コイルにより試料表面上を2次元的に走査することによって，2次電子の強度をマッピングし SEM 像を得ることができる。

SEM 像に発生する像振動の振幅は，電子ビーム照射位置と試料との相対変位量と等しい。したがって，試料の機械的振動だけではなく，電子ビームの軌道に影響を及ぼす磁場の変動も SEM 像振動の原因になる。環境に存在する磁場変動が電子ビームを偏向するのを抑制する目的で，電子ビーム軌道の周囲には磁場シールドが設けられている。この材料としては透磁率の高いパーマロイ

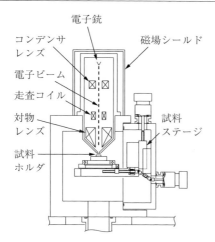

図 4.21 SEM のおもな構造の断面図

が使われるのが一般的である。

　SEM像に振動が現れたときの原因調査でよく行われる手段に，試料ステージを用いて試料ホルダを上方に動かし，対物レンズに押し付けて固定する方法がある。これにより試料と対物レンズとの相対変位を抑制し，像振動の原因が試料ステージの機械的な振動であるか否かを判断することが可能である。

　ある日，SEMの耐騒音性能を高める目的で，試料ホルダを対物レンズに押し付けて，固定する前後でランダム音響加振実験を行った。しかし像振幅がたいして抑制されないという状況がおこった。これは騒音によって励起される像振動の主原因が試料ステージの振動ではないということであり，電子ビームを偏向する何らかの要素がかかわっていると推定された。

　原因調査には原始的と思えるような手段，あるいは五感を活用する手段の適用が役立つ。このときは，まず，試料を固定状態にして，SEM像を速い走査速度（TV画面を見ている感覚）で観察しながら，装置のあちこちを指ではじいて像振動を発生させ，その継続時間を観察した。継続時間が長いということは，振動の減衰比が小さいことを意味する。同時に，外乱に対する応答がより大きい，つまりより敏感であることも意味する。あちこちたたきながら観察を続けたところ，磁場シールドをたたくとSEM像の振動が非常に長く継続した。

そこで，つぎに，五感の登場である。磁場シールドに耳を当てて音を聞いてみると，薄い板金構造のため周囲の音をよく拾っていることが確認できた。

磁場シールドをたたいたときに励起される固有振動数は，加速度計で測定できる。そこで，アクチュエータにシールドの固有振動数の正弦波を入力し，アクチュエータ先端を磁場シールドに接触させて振動させ，そのときの SEM 像の振動を観察した。アクチュエータの接触位置をシールド表面上で動かしていくと，ある点では像振幅が最大となり，またある点では像の振動がまったく励起されないという現象を観察した。これは，固有モードの振動の節を加振してもそのモードが励起されず，振動の腹を加振すると最も効率的にモードを励起できることに対応する。これを利用して，磁場シールド表面に固有モードの節と腹とをマーキングした。結果を図 4.22 に示す。磁場シールドの概略形状は円筒である。円筒の固有モードシェイプは，まずは円が楕円形に変形するモード，つぎに三角のおむすび型に変形するモード，四角に変形するモードと続き，また，それぞれについて二つずつの重根モードを有する。したがって，アクチュエータ接触法によって観察されたモードの節と腹は，二つの重根モードを同時に示している。実際の磁場シールド形状は複雑であるため，腹と節は一直線上には分布していなかった。一般的なモーダル解析では，測定点の数が限られており，普通は均等に配置するため，図のマーキングのようにひしゃげた固有モードを正確にとらえることは困難である。アクチュエータを接触させて

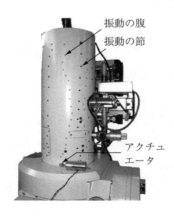

図 4.22　アクチュエータによる正弦波加振で測定された固有モードの腹と節

腹と節とを探るこの方法は特殊であるが，ひしゃげたモードの可視化には便利であった。

さて，磁場シールドが騒音を拾い，振動に変換（騒音と振動の連成現象）されて，SEM 像の振動原因であることが明らかになった。しかし，磁場シールドの振動が，磁場として電子ビームを偏向しているのか，それとも試料ステージ以外の要素を機械的に振動させて影響しているのかは断定できなかった。そこで，アクチュエータを磁場シールドの 1 か所に固定し，シールドの固有振動数で一定量の加振を行い，その条件で電子ビームの加速電圧のみを変化させて SEM 像振動の振幅を比較した。結果を図 4.23 に示す。

 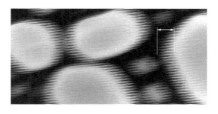

（a）　加速電圧 15 kV のときの像振動振幅　　　（b）　加速電圧 5 kV のときの像振動振幅

図 4.23　電子ビームの加速電圧を変えたときの磁場シールド加振時の像振動の比較

電子ビームの偏向量は，そのビームの加速電圧の 1/2 乗に反比例すると見積もられる。つまり，加速電圧を 15 kV から 5 kV へ下げたとき，偏向量は 1.7 倍になる。測定された像振動の振幅もちょうど 1.7 倍になった。したがって，磁場シールドの振動は機械振動ではなく，電子ビーム軌道を変動磁場として偏向することによって SEM 像振動の原因になっていた。磁場シールド用の高透磁率材料は，磁場を吸収し消してくれるものではなく，磁力線の方向を変える効果しかない。したがって，シールド内を通った磁力線は再びシールドの端面から空間に放射される。この際，シールドが振動しているため放射される磁力線も振動し，変動磁場を発生させたと推定された。

メカニズムをまとめると，環境の騒音が磁場シールドの機械振動へ連成し，さらに磁場シールドの機械振動が磁場の変動へ再び連成するという複雑な現象

がSEM像振動の原因となっていた。つまり，環境の磁場変動を防ぐシールドが磁場変動の原因という皮肉な結果を招いていた。

いずれにしても，磁場シールドの機械振動を抑制すれば，問題を解決できるはずである。具体的対策としては，磁場シールド内面に制振材を付与することが効果的であった。まず，効果の検証のために，**図 4.24**（a）のように磁場シールドをひもでぶら下げた状態で，制振材付与の前後において，インパルスハンマでたたいたときの減衰振動を加速度計で測定した。図（b）に示すように，制振材付与で振動の減衰が速くなった。つぎに，対策前後で，磁場シールドの固有振動数を含む 400 Hz 帯の 1/3 オクターブバンドフィルタをかけたランダムノイズで音響加振を行い，SEM像の振動を比較した。結果を**図 4.25** に示す。SEM像の振動は顕著に抑制された。この要素が騒音に対して最も敏感であったため，SEMの耐騒音性能を高めるのに有効な対策となった。

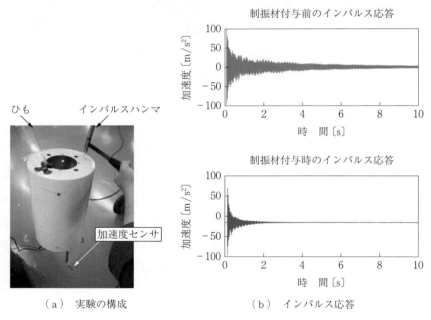

（a）実験の構成　　　　（b）インパルス応答

図 4.24　制振材付与前後における磁場シールドのインパルス応答の比較

4.4 磁場シールドの騒音振動による変動磁場の発生〜ハンマリングによらないモードシェイプの可視化〜

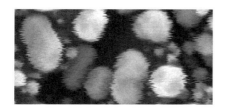
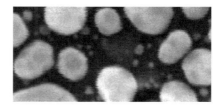

（a）制振材付与前の像振動　　　　　　　（b）制振材付与後の像振動

図 4.25　磁場シールドへの制振材付与前後での 1/3 オクターブバンド（400 Hz 帯）ランダム音響加振時の SEM 像比較

閑話休題 4.2

重根（じゅうこん）とは？

　配偶者がいるにもかかわらず婚姻することを重婚（じゅうこん）という。まったく関係ないが，いや，重婚のとき厄介なことになることは，重根が生じたときも同様であることだけは似ている。

　重根とは，方程式を解いたとき，等しい根が 2 個以上あるときのものをいう。根の重複を具体的な方程式で示すと，以下のとおりである。

- $(s+2)^2(s+3)=0$ の根は，$s=-2, -2, -3$ であり，$s=-2$ は 2 重根。
- $(s+5)^3(s+1)=0$ の根は，$s=-5, -5, -5, -1$ であり，$s=-5$ は 3 重根。

　根が重複したからといって，一体何が問題なのだ！？

　本書で扱う機械装置というものは，寸法，材料，形状，支持などによって定まる複数の固有振動数を持つ。これは，運動方程式の根（解）である。

　下図を参照して，左右に配置したアクチュエータによって台座を動かす機械がある。図のように，並進と回転方向の 2 種類の動きがあるとき，両者の固有振動数が同じである場合の動作を考える。「並進方向にだけすばやく動け」という指令を与えると，固有振動数による動きとなる。このとき，回転方向には動きの指令を与えていない。しかし，固有振動数が並進方向と同じであるため，容易に干渉して，回転方向にも動きが生じる。機械の動きを思いどおりに統制したい制御にとって，厄介な機械の素性となる。

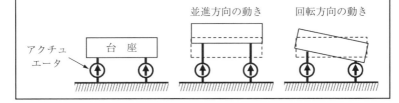

138 4. 実例を通して実感できる実験モーダルと ODS FRF の偉力

【まとめ】

騒音–機械振動–磁場変動の連成による SEM 像への影響の事例について紹介した。一般的な実験モーダル解析の手法以外でも，モードシェイプを観察できることがある。

4.5 モードシェイプの節を利用した騒音振動伝達の抑制 ～固有振動数だけではなくモードシェイプを設計～

【プロローグ】

何十年も研究しているのに振動問題は一向になくならないとなじる方がたまにいる。そういう方は，振動問題がおこる本質的な原因がわかっていない。振動問題がおこる原因の一つに，固有振動数の近接（完全に一致するとき，**縮退**（degeneration）と呼称）による干渉がある。

一般的な機械構造の減衰比 ζ は $0.02 \sim 0.03$ である。中央値 0.025 をとったとき，共振による振動増幅率は $1/2\zeta=40$ 倍となる。二つの直列な構造があり，それらの固有振動数が完全に一致した場合，振動増幅率は $1\,600$ 倍となる。このような不幸な状況がおこると，検知できないくらい小さな外乱が，装置仕様を満たさないほどの大きな振動を引きおこす。よく知られるように，固有モードの数は自由度の数に一致し，現実の機械構造は無限自由度系であるから，無限の数の固有振動数を持つ。このような状況で，複数の機械構造の固有振動数が近接しないものをつくるのは，けっして容易ではない。ところが，現実に大きな影響を及ぼす固有モードは低次モードに限られることが多い。そこで，筐体設計においては**オクターブ則**と呼ばれる設計手法が知られている。これは**図 4.26**（a）のように，入子構造において内側にいくほどその固有振動数を 2 倍，4 倍，8 倍というように 1 オクターブずつ高めて，固有振動数の近接の影響を防ぐ方法である。

一般的には，内側に入るものほど軽量部品になることが多いのでこのようになる。重量物が内側に配置され，固有振動数を高められない場合，固有振動数

4.5 モードシェイプの節を利用した騒音振動伝達の抑制〜固有振動数だけではなくモードシェイプを設計〜

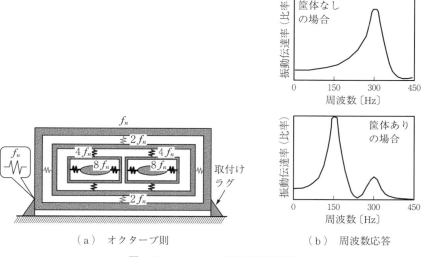

(a) オクターブ則　　　　(b) 周波数応答

図 4.26　オクターブ則と周波数応答

が1/2になるようオクターブ則を逆に用いる．図 (b) はこの事例である．上段の 300 Hz の固有振動数のユニットを，150 Hz の筐体に収めたときの周波数応答を下段に示す．

さて，ここでは走査型電子顕微鏡 (SEM) において，耐騒音性能を高めるための改良に関する話題を提供する．調査から改良までの具体的な方法を紹介し，固有モードに関して，周波数設計だけではなく，モードシェイプの設計が有効であることを示す．なお，モードシェイピングは造語である．

【問題の調査】

外乱（振動・騒音）に敏感な部位を探す方法として，装置のあちこちを手でたたいて応答を見るということをよく行う．図 4.27 (a) のように外乱に敏感，すなわち共振倍率が大きいことは減衰比 ζ が小さいことと等価である．このとき，たたいたことにより発生した減衰振動は図 (b) のように長く継続する．

そこで，SEM 像を観察しながら装置の各部をたたいて SEM 像の振動の継続

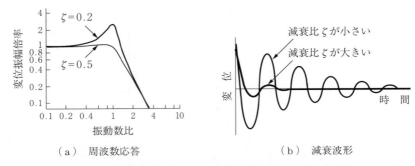

(a) 周波数応答　　　　　　(b) 減衰波形

図 4.27 減衰比 ζ の違いによる周波数応答と減衰波形の変化

時間を調べた．**図 4.28**（a）に示すベースプレートをたたいたときに像の振動が非常に長く継続した．

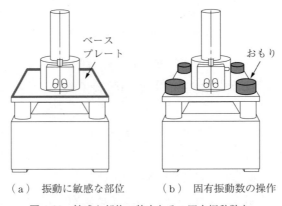

（a）振動に敏感な部位　　（b）固有振動数の操作

図 4.28 敏感な部位の特定とその固有振動数を極端に変える方法

　一方で，どの周波数帯の騒音に対して SEM 像が敏感であるかを調査するため，ランダムノイズに 1/3 オクターブバンドフィルタを通した信号（以下，1/3 オクターブバンドノイズ）で音響加振し，敏感な周波数帯を特定した．ベースプレートの固有振動が騒音で励起され，SEM 像に振動を発生させていると推定されたため，図（b）のように 4 隅におもりを置き，ベースプレートの固有振動数を下げた．結果として，騒音に敏感な周波数帯もより低く変化した．この実験により，騒音がベースプレートの固有モードを励起して SEM 像

4.5 モードシェイプの節を利用した騒音振動伝達の抑制～固有振動数だけではなくモードシェイプを設計～

振動を発生させていることが明らかとなった。

【対策案の検討】

ベースプレートが揺れるとどうしてSEM像も揺れるのだろうか。SEM像の振動振幅は，観察試料と電子ビーム照射位置との相対変位と等しい。そこで最終的に振動しているのは試料であろうと推定した。図 4.29 は SEM の試料ステージ付近の断面のモデル化である。試料ステージは試料チャンバに，試料チャンバはベースプレート上にそれぞれ固定されている。試料は，図中の X, Y, Z 方向の並進，X 軸まわりの傾斜，そして Z 軸まわりの回転機構が備えられた 5 軸の位置決めが可能となっている。試料ステージの低次の固有モードは $100 \sim 200\,\mathrm{Hz}$ に，ベースプレートの固有振動数はやはり 200 Hz 以下に複数存在している。そこで，これらの固有振動数の近接が，騒音による像振動の原因であろうと考えた。これらの固有振動数の近接を回避したいが，構造が複雑な試料ステージの固有振動数を高めるのは容易ではない。そこで，ベースプレートの固有振動数を試料ステージの低次モードのそれよりも高くした。

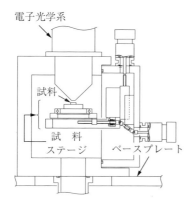

図 4.29　SEM の試料ステージ付近の断面図

さて，ベースプレートの固有振動数を高めるにはどうしたらよいだろうか。長方形の板の固有振動数は，板の厚さに比例，材料のヤング率の $1/2$ 乗に比例し，密度の $1/2$ 乗に反比例する。しかし，固有振動数を 2 倍とするために

142   4. 実例を通して実感できる実験モーダルと ODS FRF の偉力

板厚を2倍にすれば，質量は2倍となり大幅に装置が重くなる。また，材料を鉄よりもヤング率が高く密度の小さい，例えばセラミックに変更すれば材料費は非常に高くなる。そこで，重量の増加を抑えながら曲げ剛性を上げることで固有振動数を高めるため，ベースプレート下面に**リブ**（rib）を設けることを検討した。最初は均等に曲げ剛性を高めるべく縦横斜め方向にリブを設け，シミュレーションによる計算モーダル解析で固有振動数とモードシェイプとを求めた。しかし，複雑なリブ構造を実現するためには鋳物で製作するのが適切であり，その場合，構造鋼と比較してヤング率が半分程度に低下する問題がある。結果として，あまり固有振動数を高められなかった。この結果を**図 4.30**に示す。図の左側がリブなしで構造鋼で製作した場合の結果，右側がリブを追加し鋳物で製作した場合の結果である。各図右上に固有振動数を付記した。各モードの固有振動数の向上はごくわずかであった。1次モードに至っては変化なしである。これでは改善は望めない。さらに，このような方法でリブを追加した場合，固有振動数は高められてもモードシェイプ，すなわち振動の形状を変えることはできない。

　ここで，別のアイデアを導入した。大先輩の技術者から伺ったことである。国産車が製造された初期のころ，ある車種でクレームが発生した。エンジンが所定の回転数になると車体が大きく振動し，乗り心地が悪く，危険な状態となった。主原因は，エンジンの振動が車体のシャーシの固有振動を励起したことであった。それ以来，エンジンマウントは，**図 4.31** に示すようにシャーシの固有モードの節に配置されるようになった。

　大先輩は，実際にこの車に乗っており，危険を感じる車体振動を経験している。そのため，間違いない事実である。固有モードを励起しないノウハウは，わかってしまえば明らかである。それ以前に，振動を惹起させてしまったことは恥ずかしい失敗に属する。そのため，重要な技術かつノウハウにもかかわらず，広く認知されない知識となってしまう。

　この技術を SEM のベースプレートに適用しようというわけである。図 4.30を見ると，1次モードは平板全体のねじれモードであり，中心付近の振幅が少

4.5 モードシェイプの節を利用した騒音振動伝達の抑制～固有振動数だけではなくモードシェイプを設計～ 143

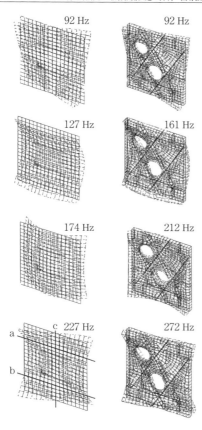

図4.30 各方向にリブを追加し鋳造した場合の検討結果

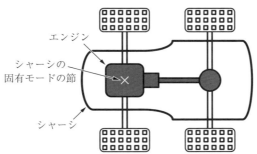

図4.31 エンジンマウント位置をシャーシの振動の節にするノウハウ

ない。したがって，ベースプレート中央付近に配置される試料チャンバは振動の節に位置しており，この条件を満たす。しかし，2次以上のモードでは試料チャンバ位置は振動の節にならない。そこで，ベースプレートに付与するリブ形状を工夫し，2次モードについても振動の節になるようにした。

改良したリブ付きベースプレート形状を図 4.32 に示す。プレートの下に八角形状のリブを2重に配置した。これにより2次モードをリブ枠のねじれモードとし，中央付近を振動の節にすることができた。リブ形状は単純であるため溶接での製造が可能で，鋳造によるヤング率の低下を避けられる。プレート4隅の肉を削り落としたのは，ねじれ振動における軸まわりのモーメントを減じて固有振動数を高めるためである。固有振動数の近接回避の観点から，ベースプレートの1次モードの固有振動数は試料ステージの低次モードが存在する 200 Hz 以上とした。

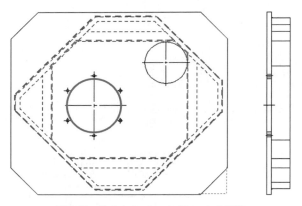

図 4.32　改良したベースプレートの形状

得られたモードシェイプを図 4.33 に示す。左側が計算されたモードシェイプ，右側がそれぞれの振動モードのモデル化である。1番上は全体のねじれモード，2番目はリブ枠で囲まれた部分のねじれモードであり，振動の節は 45° 傾いている。これら二つのねじれモードにおいては中央付近が振動の節となっている。3次モードは内側のリブ枠で囲まれた部分が太鼓の腹のように振動するモードであり，中央部は振動の節ではないが固有振動数は比較的高い。4次

4.5 モードシェイプの節を利用した騒音振動伝達の抑制～固有振動数だけではなくモードシェイプを設計～　　145

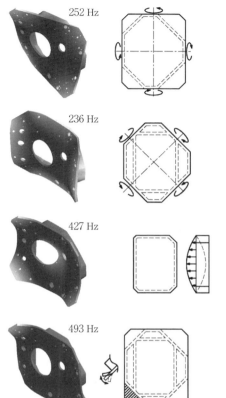

図 4.33　改良したベースプレートの
　　　　モードシェイプ（計算）

モード以降にはリブ枠外の平面部が片持ち梁のように振動するモードが観察された。なお，熟練した技術者向けの細かい点であるが，リブを対称形状にしていないのは，各平面部が同一周波数で振動しないようにするためである。4隅が一斉に振動するとその反力で中央部分が逆方向に動かされ，ベースプレート中央部分の振幅が大きくなる。

【実装評価】
　試作ベースプレートをSEMに実装したときの1次，2次モードの実験モーダル解析の結果を図 4.34 に示す。実装時には，全体のねじれモードが253 Hz

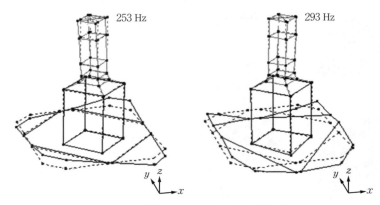

図 4.34　改良したベースプレート実装時の
　　　　　モードシェイプ（実験）

に，リブ枠のねじれモードが 293 Hz にそれぞれ測定された。両モードとも試料チャンバ位置は振幅が小さく振動の節になっており，ベースプレートが振動しても振動が伝わりにくい状態が実現された。

　最終的には，騒音に対する鈍感性を評価する必要がある。そこで音響加振による比較評価を行った。装置に関して，ベースプレート以外は同一であり，実験環境も同じにした。正弦波音響加振の比較結果を図 4.35 に示す。図には 162 Hz 前後の結果を示したが，これは装置で最も音に敏感な周波数であった。用いた試料（金粒子）の大きさが違うので見た目の印象は異なるが，同じ観察倍率の像である。従来のベースプレートと比較して，改良したものでは SEM 像振幅は非常に小さくなった。確認のため，正弦波の周波数を前後に変化させた。改良ベースプレート交換後では交換前のように大きな像振幅が発生する周波数は観察されなかった。正弦波音響加振だけでは不十分な評価となるため，1/3 オクターブバンドノイズで音響加振し，SEM 像の振動振幅を読み取って比較した結果を図 4.36 に示す。意図どおり 250 Hz 帯以下の低周波数域における耐騒音性が顕著に向上した。

4.5 モードシェイプの節を利用した騒音振動伝達の抑制〜固有振動数だけではなくモードシェイプを設計〜　　147

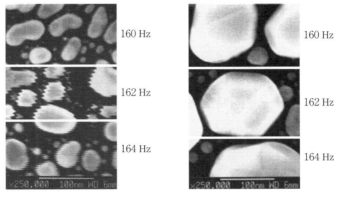

　（a）　従来のベースプレート　　　（b）　改良したベースプレート

図 4.35　ベースプレート交換前後の
正弦波音響加振下の SEM 像比較

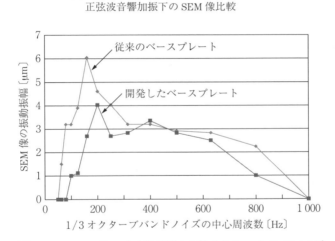

図 4.36　ベースプレート交換前後の 1/3 オクターブバンドノイズ
音響加振による SEM 像振動振幅の比較

【まとめ】

　外乱に敏感な部位を特定するには，あちこちをたたいて応答を見るという一見原始的な方法が役に立つ．そして，実験モーダル解析により現物の固有振動数とモードシェイプとを把握し，その改良案の検討にはシミュレーションによる計算モーダル解析が役に立つ．振動問題の解決には，固有振動数の近接を回

148   4. 実例を通して実感できる実験モーダルと ODS FRF の偉力

避する手法，そして，モードシェイプを設計し，振動の節を利用して振動伝達
を抑制する手法が効果的である。

4.6　モードの腹に設置した広帯域動吸振器による多モード同時制振

【プロローグ】

4.5 節にて SEM ベースプレートに対するモードシェイピングの話をした。
本節の内容は後日談である。当初，試料ステージの固有振動数を高めるのは困
難と思っていた。しかし，床振動など，試料ステージの固有振動数より十分に
低い周波数の振動伝達によって発生する試料ステージの弾性変形量を抑制する
ためには，2.12 節で述べたように，固有振動数を高めるしか方法がない。そ
こで，SEM 観察の高分解能化に対応するため，構造の改良を繰り返し，試料
ステージの固有振動数を大幅に高めることに成功した。ところが，今度は高周
波化した固有振動数に相当する周波数の騒音に対し装置が敏感となった。4.5
節で示したように，ベースプレートの 1 次，2 次モードの影響は抑制された
が，3 次以上のモードの対策はなされていなかった。

さて，ベースプレートの固有モードは理論的には無限個存在する。しかし，
経験的には SEM 観察に影響を与える周波数は 1 kHz 程度までである。した
がって，1 kHz 以下の固有モードを抑制できれば，SEM の耐騒音性能を高めら
れる。しかし，1 kHz 以下に限定してもベースプレートの固有モードは，**図
4.37** のように数多く存在している。これらをすべて抑え込みたい。どうした
らよいか。

【対策案の検討】

まず思い付くのは，**制振合金**の採用である。しかし，データ集を調べればわ
かるが，制振合金の減衰能には，ひずみ量依存性，温度依存性，周波数依存
性，そして加工履歴の影響などが存在し，じつは非常に使いにくい。特に，ひ

4.6 モードの腹に設置した広帯域動吸振器による多モード同時制振

図 4.37 SEM ベースプレートの固有モード（1 kHz 以下の単品での計算値）

ずみ量依存性は，ひずみが小さい領域で減衰能が顕著に減少するという特性であり，電子顕微鏡などの微振動を問題とする装置の構造部材に採用しても効果は大きくないということになる。また，特殊な素材は高価である。対策案として便利そうな素材を見つけると安易に飛びつきたくなるが，費用対効果をよく検討しなければならない。

そこで，つぎによく知られている振動の抑制手段として**動吸振器**の適用を考えた。動吸振器という名前はいま一つピンとこないもので，英語の名称 tuned mass damper のほうがイメージはわきやすい。質量を用いて周波数を調整した減衰器である。2 自由度系の例として，振動のテキストには必ず出てくる。**図 4.38** に動吸振器のモデルを示す。動吸振器と制振対象との質量比に応じた最適設計の手法はよく知られている。しかし，一般的には，動吸振器は制振対象

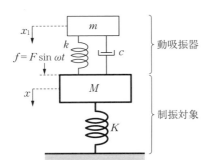

図 4.38 動吸振器のモデル

の一つの固有振動数を抑制するものであり,複数の固有振動数を一度に抑制することはできない。そこで,複数の固有モードを同時に抑制するためのアイデアとして,図 4.39 に示した多重動吸振器が提案されている。

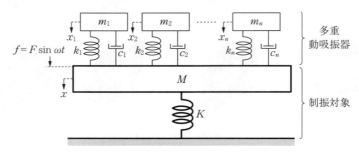

図 4.39　多重動吸振器のモデル

【動吸振器の設置位置の検討】

モーダル解析は動吸振器の設置位置の検討にも利用できる。動吸振器の最適な位置は,各モードにおいて最も振幅が大きい振動の腹である。図 4.37 に示したベースプレートに動吸振器を設置する場合, 8 次モード以外では,ベースプレート中央付近の振幅は小さく,動吸振器の設置位置として適さない。各モード共通で振動の腹となっているのは 4 隅の部分である。しかし,八つのモードの固有振動数に応じた動吸振器 8 種類をこれらの比較的小さな面積の部位に設けるのは現実的でない。1 種類で複数モードを抑制する方法はないものだろうか。

【粘弾性材を利用した広帯域動吸振器の開発】

粘弾性材を利用して,作用する周波数帯域の広い動吸振器をつくることができる。図 4.40 は粘弾性材を用いた動吸振器のモデルである。ここでは,複素ばね定数 k^* が用いられている。減衰能の指標は損失係数 η であり,虚数 i を乗じることで,速度に比例した抵抗,すなわち減衰を表す。吸振力 F_D の周波数特性は,制振対象の変位 X_0,動吸振器の質量 m,角振動数 ω を用いて図のなかにある記載の式で表される。

4.6 モードの腹に設置した広帯域動吸振器による多モード同時制振　　151

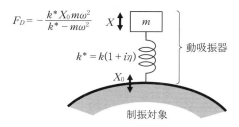

図 4.40 複素ばね定数を用いた動吸振器のモデルと吸振力

図 4.41 は，η を変化させたときの吸振力 F_D の虚部と実部の周波数特性である。F_D の大きさは虚部で表される。η が小さい場合，F_D の最大値は大きいが作用する帯域は狭い。η が大きいほど F_D が作用する帯域を広げられる。一方で F_D の最大値はより小さくなる。注目したいのは，η が大きい場合に高周波域における F_D が 0 になっていないこと（図の破線の丸）である。これを利用すれば，非常に広い周波数帯域で減衰能を与えられる。ただし，η を大きくし

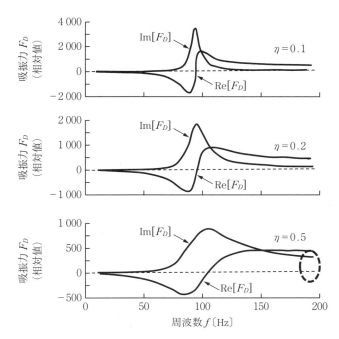

図 4.41 損失係数の変化による吸振力の周波数特性の変化

た際の F_D のピークの低下と，高い η を有する材料の選定とが課題となる。

　ベースプレート用の広帯域動吸振器の具体的な開発に取り掛かる。まず，配置位置はすでにベースプレートの4隅に決まった。つぎに，配置できる動吸振器のおもりの質量であるが，主振動系の質量に対する動吸振器の質量比が大きいほど吸振力は大きくなる。しかし，現実的にはおもりの寸法が大きくなりすぎれば，おもりの回転振動が発生しやすくなり吸振力が逃げる恐れがある。また，見た目も美しくない。ここで，もう一度，図4.37のモードシェイプを確認しよう。ベースプレートをモードシェイピングした際に，2重リブにより中央部の剛性が高くなったおかげで，8次モードを除けば各モードにおいて振幅が大きい部位は4隅に集中している。つまり，ベースプレート全体の質量ではなく，片持ち梁のように振動している4隅の質量の動きのみを抑制すればよい。したがって，比較的小さな質量でも動吸振器としての質量比は大きくなり，動吸振器の作用する周波数帯域を広げたときに吸振力が低くなるという課題を解決できる。

　周波数帯域を決定するのは，粘弾性材のばね定数と損失係数である。粘弾性材の見かけのばね定数には，**形状効果**（shape effect）が知られている。**図4.42**のような直方体の粘弾性材について，見かけのヤング率 $E_{ap}^{(0)}$ は式 (4.3) に示す服部・武井の公式に従う。

$$\frac{E_{ap}^{(0)}}{G} = 4 + 3.290 S^2 \tag{4.3}$$

ただし，$S = a/2h$ で，G は横弾性係数である。式 (4.3) は，寸法比 a/b が 1/3 以下，あるいは 3 以上で適用可能とされている。そこで，この性質を利用

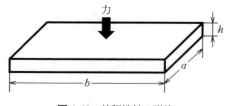

図4.42 粘弾性材の形状

4.6 モードの腹に設置した広帯域動吸振器による多モード同時制振

し，ベースプレート用の動吸振器の固有振動数の調整を試みた。

図 4.43 に動吸振器の形状を示す。おもりは平行四辺形形状とし，ベースプレートとの間に粘弾性材を挟んだ構造である。図では4分割した粘弾性材を敷いた状態を示す。形状効果を確かめるため，粘弾性材の総面積を変えずに，分割後の枚数を $S = 1, 2, 4, 8, 16$（$h = 2$ mm，$a = [4, 8, 16, 32, 64]$ mm）にしたときの動吸振器の鉛直方向の固有振動数を比較測定した。**図 4.44** は，ベースプレートからおもりへの鉛直方向の周波数特性を比較したものである。図（a）が伝達率，図（b）が位相を示す。伝達関数のピーク周波数は，粘弾性材の分割数を増やすに従い，かなり大きく低周波側へ移動させることができた。つまり，形状効果による見かけのヤング率の変化を利用して，動吸振器の固有振動数を広い範囲で調節できる。

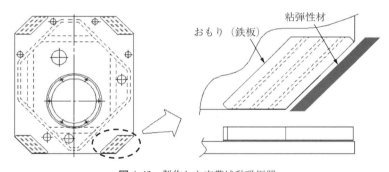

図 4.43 製作した広帯域動吸振器

ここでは式（4.3）の服部・武井の公式の適用結果は定量的には不一致であった。しかし，定性的には正しかったため固有振動数の調整に役立てられた。さらに，伝達率のピークに注目すると，粘弾性材の分割数が多くなるほどピークが低くなり4分割以上で同じ高さになっていることがわかる。位相の回り方を見ても，4分割以上で位相回転が緩やかな状態で安定化している。ピークが低くなるほど損失係数はより高いことを示す。つまり，損失係数に関して形状効果ともいえる現象が観察された。損失係数が高いほど動吸振器が機能する周波数は広くなり，多モード同時制振の目的に適する。

4. 実例を通して実感できる実験モーダルと ODS FRF の偉力

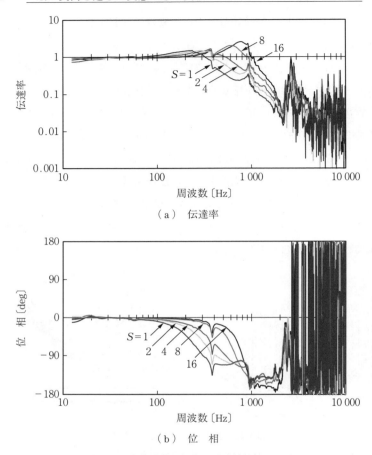

(a) 伝達率

(b) 位 相

図 4.44　広帯域動吸振器の周波数特性の比較

ベースプレートに対して,最適なものを選択するために,式 (4.3) の S を パラメータとし,ランダム音響加振時のベースプレート端部の加速度スペクトルを動吸振器の有無で測定した。吸振力の周波数特性を評価するために,吸振率を定義した。これは,各周波数において,{[動吸振器なしの加速度振幅] −[動吸振器ありの加速度振幅]}/[動吸振器なしの加速度振幅] を計算して求めた。$S=1, 4, 16$ の各場合における吸振率の比較を図 4.45 に示す。吸振力が負の値を示している周波数がある。これは振動を増幅したためではなく,音響加

4.6 モードの腹に設置した広帯域動吸振器による多モード同時制振　　　155

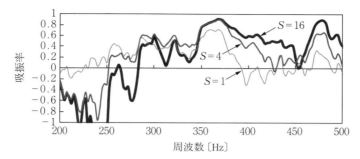

図 4.45　形状効果を利用した広帯域動吸振器の作用する周波数帯域の選択

振時の加速度の大きさが非常に小さかったために，動吸振器の適用前後でほとんど変化がなく，測定ノイズどうしの引き算となった結果である。$S=1$ のときは比較的低い周波数帯から吸振率が高くなったが高周波域では吸振力が低下したのに対し，$S=16$ ではより高周波域まで吸振力が得られるが低周波域で吸振力が低下した。ベースプレートの 1 次モード（250 Hz 程度）についても吸振力を与えたかったので，$S=4$ の状態を選択した。このときのランダム音響加振時のベースプレート端部の加速度スペクトルを，広帯域動吸振器の有無で図 4.46 に比較して示す。約 250 Hz から 1.4 kHz 程度まで，ベースプレートの固有振動数に対応した加速度ピークが抑制されており，非常に広い周波数帯域で実用的な制振がなされた。図の 360 Hz における加速度ピークを変位に換算すると，約 0.34 nm となる。したがってこの広帯域動吸振器はサブ nm の振

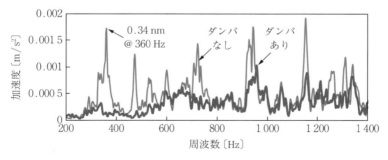

図 4.46　ランダム音響加振によるベースプレート端部加速度に対する動吸振器による抑制の効果

動，すなわち非常に小さなひずみに対しても十分な効果が得られた。これは低ひずみ領域で減衰能を失う制振材料を用いてベースプレートを製作する場合よりも優れている。また，動吸振器のおもりの総質量はベースプレートの 5% 程度であり，装置質量の増加もごくわずかで済んだ。

【実装評価】

SEM 像に対する効果を 1/3 オクターブバンドのランダム音響加振で比較したところ，315 Hz 帯，400 Hz 帯において像振動の抑制が確認された。315 Hz 帯での比較を**図 4.47** に示す。1.4 kHz という高周波までベースプレートの制振がなされたにもかかわらず，400 Hz 帯を超える高周波帯域で SEM 像に対する効果が見られなかった。理由は，高周波で音の波長が短くなると，ベースプレートよりも代表長さの短い試料チャンバや鏡筒などへ音が入力する割合が相対的に大きくなったためであろう。

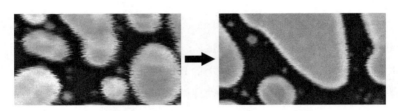

図 4.47 1/3 オクターブバンドランダム音響加振による
SEM 像振動の抑制（315 Hz 帯）

以上，いかにも理路整然と問題を解決したような説明をしてきた。実際には，開発初期において，おもりは別実験で使った部品（スクラップ）の流用である。粘弾性材の形状や面積，厚さなどについては試行錯誤的によい条件を探していった。きっかけは損失係数の高い粘弾性材を見つけたことであった。粘弾性材を利用した広帯域動吸振器の理論は，あとから調べて見つけたものである。読者の皆さんも，よいアイデアが浮かんだら，まずは深く考えずにフットワークを軽くして実行してみることをお勧めしたい。理論はあとからついてくる。また，理論が現実にあわないこともあるが，ときに新しい発見もある。

【まとめ】

SEM のベースプレートを具体的な事例として取り上げ，複数の固有モードを同時制振できる粘弾性材を用いた広帯域動吸振器について紹介した。動吸振器の適正な設置位置の検討にはモーダル解析が有効である。また，動吸振器の効果を高めるには質量比を高くすることが有効である。各モードにおいて，大きな振幅を有する部位の質量を相対的に小さくできれば，質量比を高くし，動吸振器の効果を高められる。この目的のためにもモードシェイピングが有効である。

4.7 床振動許容値と高周波床振動の伝達対策

床振動の伝達を問題視するとき，床振動の自由度についてどう考えるだろうか。普通は，直交する水平2方向（X, Y）と鉛直方向（Z）の3方向の並進の3自由度を想定する。

図 4.48 は，ナノテクノロジーの分野で活用されている床振動の許容値である。具体的に，VC（vibration criteria）カーブと NIST（National Institute of Standards and Technology：米国国立標準技術研究所）-A を示す。これらは周

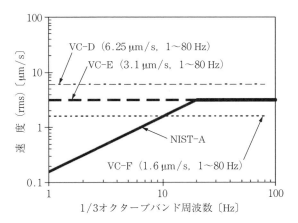

図 4.48 床振動許容値を示す VC カーブと NIST-A

158   4.　実例を通して実感できる実験モーダルと ODS FRF の偉力

波数別に床振動速度の許容値を定義しており，メーカの床振動に対する装置仕様に反映されつつある。これら許容値は，装置の床振動に対する影響度合いを考慮して，鉛直・水平の各方向について選択される。つまり，床振動の自由度は X, Y, Z 方向の並進振動の 3 自由度であり，各軸まわりの自由度は考慮されていない。

　ところで，床振動を波動伝播ととらえたとき，固体中の音速は気体中と比較して非常に速い。例えばコンクリート中の縦波の伝播速度はおおよそ 3 500 m/s である。伝播速度 v〔m/s〕，周波数 f〔Hz〕，波長 λ〔m〕としたとき，$v=f\lambda$ の関係から，$f=50$ Hz のとき $\lambda=70$ m となる。この観点から，装置のフットプリントの 1 辺の長さ（せいぜい数 m）の距離によって，縦波の位相が大きく異なるとは考えにくい。したがって，床の回転振動を装置の振動許容値に考慮する必要はないと考えてしまいがちである。しかし，現実にはたった 1 m しか離れていない床面の振動の位相が一致していない場合がある。そしてそれによる床面の回転（傾斜）振動が，装置に支配的な影響を及ぼすことがある。この実例について，ODS FRF（周波数領域における実稼働解析）による調査と対策について述べる。

　図 4.49 に，透過型電子顕微鏡（TEM）の除振器まわりの構造を模式的に示す。この顕微鏡では，床面上に架台が，架台上部に固定された除振器上に TEM 本体がそれぞれ配置されている。なお，床と架台の間には，図示していない高さ調整用のアジャスタフットがある。

　このような TEM によって取得した高分解能な透過走査像に，40 Hz 台の像振動が観察された。これが分解能に関する仕様未達の問題となった。何とかしなければならない。そこで，環境の外乱を調査した。結果として，STEM 像振動の成分と周波数の一致する床振動が鉛直方向に比較的大きく測定された。このことから，像振動の原因は，40 Hz 台という比較的高周波域の床振動の伝達であると推察された。しかし，これほど高い周波数の床振動は，固有振動数が数 Hz に設定された除振器によって十分に伝達が抑制されているはずである。

4.7 床振動許容値と高周波床振動の伝達対策　　159

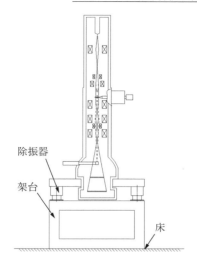

図 4.49　TEM の除振器

なぜ，40 Hz 付近の床振動が選択的に装置に伝達しやすくなったのかは謎であった。

そこで，ODS FRF を用いて，床面と装置各部との挙動を観察した。この解析法では，参照点から応答点への振動のクロススペクトル，位相，そして各パワースペクトルを測定する。応答を X, Y, Z の 3 軸測定することで，測定条件下における構造全体の 3 次元振動を可視化できる。時間軸の実稼働解析では，[測定点数]×[軸数] の同時測定が必要であるが，周波数領域では同時測定は必要ではなく，測定点を理論上無限に設けられる。大規模構造の ODS シェイプを低コストで測定できる。また，スペクトルの多数回の平均測定が可能であり，実時間の測定よりも S/N を高くできる。つまり，振動状態が安定した対象を測定するのに優れた手段である。

測定した ODS シェイプを周波数別に**図 4.50 〜 4.52** に示す。図の黒点が実測ポイントを，実線が ODS シェイプを，そして破線が無変形時の形状を示す。図に示したように，床面に 4 点，架台に 12 点，除振器上の TEM 本体に 4 点，それぞれに対する測定点を設けた。

まず，図 4.50 を参照して比較的に低周波域 5 〜 20Hz では，架台は床振動

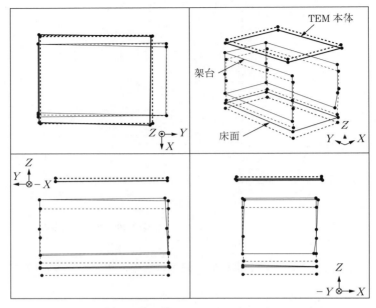

図 4.50 改良前の架台の ODS シェイプ（5〜20 Hz を積分）

の動きと一致して鉛直方向へ振動している．TEM 本体側は除振器により除振されているため逆位相で振動している．つぎに，より高い周波数域 20〜40 Hz では，図 4.51 を参照すると，架台は鉛直方向に振動しつつ，架台の上部ほど水平方向の振動成分が大きい．最後に，図 4.52 を参照して，問題となった振動の存在する 40〜60 Hz の周波数域では，架台の動きは床面とはまったく異なっており，架台の振動モードが原因となって振動が増幅されていることが推定された．

　じつは，架台と床面との間に配置された高さ調整用のアジャスタフットの底面にはゴムが取り付けられていた．ゴムのおもな目的は，床面に傷をつけないことである．しかし，ゴムがばね成分となり，架台の質量との組合せによるばね-マス系の振動系が形成され，この固有振動数が 40 Hz 台に存在した．これが 40 Hz 台の床振動を増幅した原因と推定された．

　架台の固有モードによる振動増幅が問題の原因ならば，固有振動数を高くし

4.7 床振動許容値と高周波床振動の伝達対策　　　161

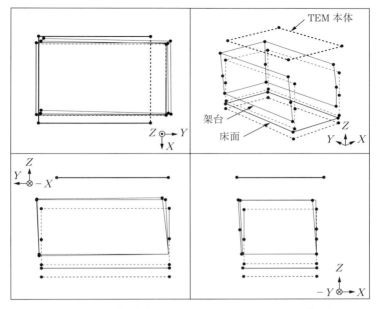

図 4.51　改良前の架台の ODS シェイプ（20 ～ 40 Hz を積分）

て増幅の影響が発生する周波数域を高周波化すればよいと考えられた。対策として，底面にゴムのない金属製のアジャスタフットに交換した。しかし，この対策後も STEM 像の 40 Hz 台の像振動はまったく低減されなかった。そこで，再び ODS FRF を実施した。このときの 40 ～ 60 Hz の ODS シェイプを**図 4.53**に示す。図 4.52 と比較すると，ゴムがあったときと同様に，架台上部ほど水平方向の振動が大きい。このことが状況の改善につながらない理由と思われた。しかし，なぜこの対策が効かなかったのだろう。ゴムをなくしても，アジャスタフットと床面との接触部のばね定数が高くならなかったのであろうか。そこで，対策前後の二つのシェイプを詳細に比較した。図 4.52 のシェイプでは，架台の縦方向の測定点の動きを延長した部分に床面の測定点が一致しない。一方，図 4.53 では，下段左側の一点鎖線で示すように一致している。つまり，床面に対して架台はしっかりと固定されている。

　ここで驚愕の事実に気が付いた。床が傾いているのではないか。この床の回

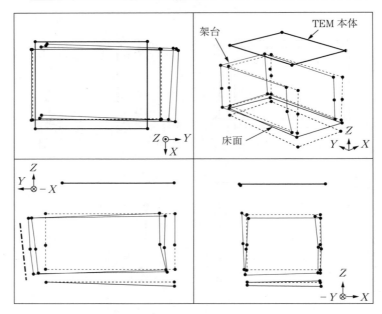

図 4.52 改良前の架台の ODS シェイプ（40 ～ 60 Hz を積分）

転（傾斜）振動は図 4.52 においても観察されたことから，ゴムがなくなったことによって架台が床と構造的に一体化し，床の固有振動モードが変化したことが原因ではないと判断された。上記のように，装置の設置面の長さ，せいぜい 1 m くらいの距離で床振動の位相が異なるとは想像すらしていなかった。冷静に考えれば，床は均一な構造物ではなく，重量を支える梁の上に薄い板状構造が貼られたものが多い。このような構造の床面は，周囲固定の膜のような振動モードを持つ。この振動では傾斜成分が発生する。また，有限の曲げ剛性を持つ床面に対して 1 点加振を行えば，同心円状に曲げ波が伝播する。これによっても床面上に傾斜が発生する。

　床面に回転振動の成分が存在し，かつ，その伝達が装置に深刻な影響を及ぼしている。この事実に直面した当時，どうにもならないと絶望した。床をつくり変えてくれとお客さんにいえない。また，床の振動許容値には各方向への並進成分しか定義されておらず，回転成分の影響は考慮されていない。床振動の

4.7 床振動許容値と高周波床振動の伝達対策　163

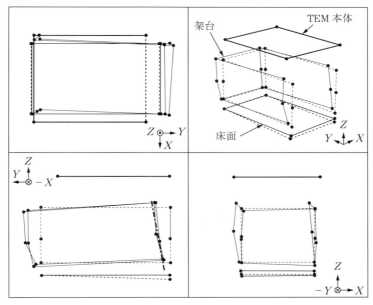

図 4.53 金属アジャスタフット適用時の架台の ODS シェイプ
（40 〜 60 Hz を積分）

―閑話休題 4.3―――――――――

レベリングブロックは曲者

設置床が平らではないので，レベリングブロックを入れて架台を水平にしました。ところが，精密機器に混入するノイズが増えてしまいました。

そうなんだ。レベリングブロックの摺動面がばねのように作用し，設置床の振動を増幅して架台に伝達させることがある。

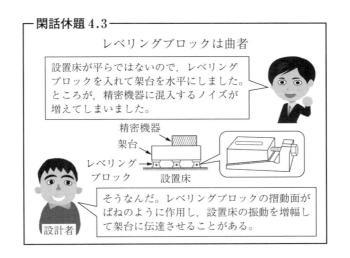

回転成分，特に数十 Hz 台の高周波成分の影響は実験的に加振実験で検証するのも困難である。

今回発生した 40 Hz 台の床振動伝達の増幅には二つの原因があった．一つ目は架台の固有モードが 40 Hz 台に存在すること，二つ目は床振動に回転（傾斜）成分が存在し，架台を床に剛に固定したとしても，鉛直方向の振動成分が架台上の除振器位置では水平方向に変換されることである．

当初は絶望した．しかし，二つの原因があったことが解決のための光明をもたらした．しばらく悩んだのち，原因が二つあるならたがいに相殺できるのではないかと閃いた．ここからは思考実験である．まず，床面が角度 θ だけ傾斜したとき，**図 4.54** 左側に示すように架台も傾き，除振器の配置される上部において，水平方向の変位が発生する．この変位量を $2a$，架台の高さを H としたとき，$2a = H \times \sin\theta$ である．重心位置 G が架台の中央に位置するとしたとき，G から移動後の重心位置 G′ までの距離はおよそ a となる．つぎに，架台の固有モードによって架台上部の変位 $2a$ を相殺したいわけであるが，もし，架台が上部にいくほど水平方向の振幅が大きくなるロッキングモードの場合には，架台が高いほど上部の振幅が大きくなり，相殺のために必要な量を容易に超える．そこで，架台の振動モードは，高さに関係なく水平方向の振幅が等しくなる並進モードであることが望ましい．これを実現するためには，架台と床との間のばねに関して，鉛直方向には硬く水平方向には柔らかい特性を持たせればよい．並進モードによる相殺時に，架台が床傾斜によって移動したのと反

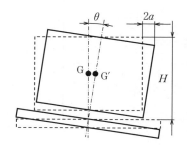 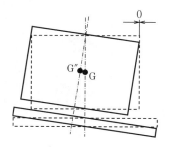

図 4.54 架台上部の水平方向振動の相殺のための思考実験モデル

対方向に床上を滑るように平行移動した場合を考えると，図 4.54 右側のように，移動後の重心位置 G″ と G との距離はおよそ a であるので，重心は $2a$ だけ平行移動すればよい．つまり，並進モードにおける適切な共振倍率は 2 倍程度と見積もられる．一方，共振倍率が 3 倍を超えると相殺の効果はなくなる（反対方向に増幅）ことも理解される．

一般的なゴムによる共振倍率は 5 倍程度なので，それよりも減衰能の高い素材が必須となる．また，架台の固有モードによる相殺を行うためには，並進モードの固有振動数が相殺したい床振動の周波数よりも低く，位相が反転していることが必要である．

以上の思考実験を経て試作した相殺機構の構造を**図 4.55** に示す．架台下部に配置された金属製のアジャスタフットの下で，鉄板 2 枚の間に薄い高減衰の粘弾性材を挟んだ構造であり，**同調薄層機構**（tuned thin layer）と命名した．薄い粘弾性材を用いることで圧縮方向には硬く，せん断方向には柔らかくできた．また架台の並進モードの固有振動数は，粘弾性材の面積で調整した．

この同調薄層機構を実装した状態で，実験モーダル解析により測定した架台の並進モードシェイプを**図 4.56** に示す．なお，ODS FRF 時とは測定ポイント数と位置は異なる．並進モードの固有振動数は 23 Hz で，問題になった床の傾

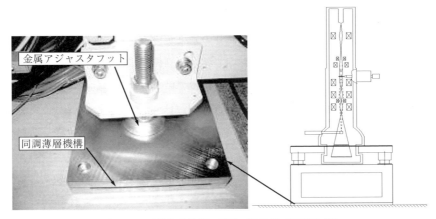

図 4.55 同調薄層機構の構造（特許第 4851263 号）

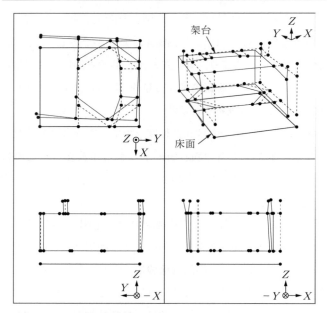

図 4.56 同調薄層機構適用時の架台のモードシェイプ (23 Hz)

斜振動の周波数 40 Hz よりも低く設定できている．さらに，同調薄層機構実装時の ODS FRF の結果を**図 4.57** に示す．周波数域 40 〜 60 Hz において，床と架台の傾斜角とが等しく平行で，架台の振動方向が床の傾斜による移動方向と逆になっており，そして架台上部の除振機位置において水平方向振幅が相殺（図 4.57 の破線の丸）され，意図どおりの効果が得られた．相殺補償を有効に働かせるためには，その周波数において架台が剛体的に振る舞うことが必要である．除振器の位置が弾性変形で暴れまわっていたら補償の効果はない．したがって，架台の弾性変形モードは相殺補償したい周波数よりも高い必要がある．結果，STEM 像中の 40 Hz 台の像振動は観察されなくなり，仕様を満たせた．

加えて，同調薄層機構の実装により，設置室における床振動の回転成分の影響を考慮する必要がなくなったことも大きなメリットとなった．床振動の許容値について床の回転振動成分までを規定するのは容易ではないからである．こ

4.7 床振動許容値と高周波床振動の伝達対策

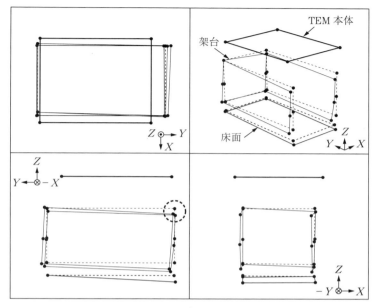

図 4.57 同調薄層機構適用時の架台の ODS シェイプ（40～60 Hz を積分）

の同調薄層機構は，現在，原子分解能透過型電子顕微鏡等に実装されている。

【まとめ】

通常，設置室の床振動の許容値には 3 方向の並進成分についてしか規制がなされない。しかし，あまり知られてはいないが数十 Hz 以上の比較的高周波域においては，床面振動には回転（傾斜）成分が存在していることがある。この成分は，架台上部において水平方向振動成分をもたらし，除振器によって十分に除振されず装置に悪影響を及ぼすことがある。この回転（傾斜）振動の発生自体を抑制するには床面の剛性を高くする必要があり，現実には対応が困難な場合がある。

一方で，架台と床面との間に弾性体を挟むと弾性体のばね性と架台の質量とによる固有モードが数十 Hz 台に形成され，固有モードによる振動増幅が装置への振動伝達に悪影響を及ぼす場合がある。除振系を設計する場合，除振器の

周波数特性だけではなく架台の固有モードによる影響にも留意する必要がある。

4.8 広帯域動吸振器とモード近接の回避とによるTEM試料ホルダの耐騒音性能の向上

【調　査】

現在，TEM の分解能の世界記録は 50 pm に，STEM は 40.5 pm に達した。つまり，10 pm オーダの振動が見えてしまう。このような原子分解能の装置に対して，耐騒音性能を高めるのは容易ではない。近年は半導体の検査工程にも TEM が応用されるようになり，クリーンルームのような空調による騒音外乱が比較的大きな環境にも対応する必要がある。

図 4.58 に試料位置決め装置であるゴニオステージの断面図を示す。試料は試料ホルダ先端に固定され，このホルダは電子ビームの通る真空側と大気側とを貫いて保持されている。ゴニオメータは，試料ホルダを X, Y, Z の各並進方向と X 軸まわりの回転方向とに位置決めできる。また，図には描かれていな

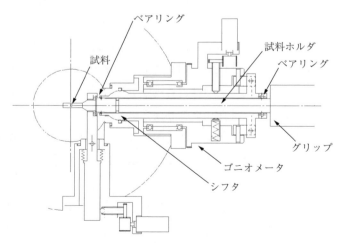

図 4.58　TEM の試料位置決め装置

4.8 広帯域動吸振器とモード近接の回避によるTEM試料ホルダの耐騒音性能の向上

いが，試料ホルダ先端には試料を Y 軸まわりに位置決めする機構を備える。

TEMの試料は直径3 mm程度の大きさであり，真空中に置かれた試料自体の振動を直接測ることは難しい。そこで，まず，試料ホルダのグリップ端部に3軸加速度計を取り付け，加速度スペクトルを測定した。すると，騒音に敏感な周波数帯に含まれる加速度のピークが Y 方向に二つ観察された。つぎに，実験モーダル解析でモードシェイプを測定した。**図4.59**に示すように，低周波側ピークに一致した試料ホルダの曲げ振動モードが，高周波側ピークに一致したシフタの球面軸受けを中心とする回転振動モードが，それぞれ観察された。

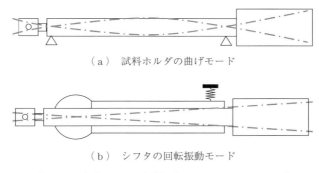

（a）試料ホルダの曲げモード

（b）シフタの回転振動モード

図4.59 実験モーダル解析で得られたモードシェイプ

【対策案の検討】

図4.59（a）の試料ホルダの曲げモードを抑制する目的で，このホルダの棒状の部分の素材をSUSから減衰能が高いマグネシウムへ変更した。

図4.60は，試料ホルダとゴニオメータとを装置に模した治具に取り付け，加振器でランダム加振したときのイナータンスの比較である。通常のSUS製の試料ホルダで200 Hz付近に見られたイナータンスのピークを抑制することが目的であったが，素材をマグネシウムに変更した場合のほうがかえってピークが高い。つまり，減衰能が低くなり，外乱により敏感となった。さらに，ヤング率がSUSよりも低いため，ピークの周波数も低くなった。これではまったく意味がない。完全に失敗であった。4.6節で述べたように，減衰能が高い

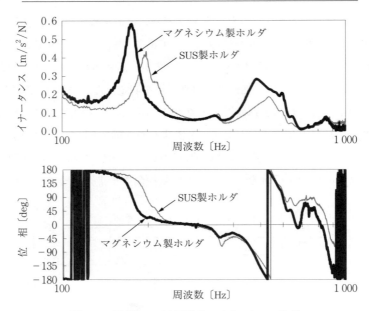

図 4.60 試料ホルダ変更前後のイナータンス比較

 制振材料のほとんどは低ひずみ領域で減衰能を失う。TEM で問題となる振動の振幅は 10 pm オーダであり,試料ホルダの長さは 300 mm 程度なので,ホルダの曲げ変形の影響が問題となるのは 10^{-10} オーダの非常に小さなひずみ領域となる。つまり,制振材料の減衰能は期待できない。

 つぎに,試料ホルダのグリップ内部に動吸振器を配置することを検討した。構造とその振動モデルとを**図 4.61** に示す。動吸振器はドーナッツ形状のおもりとばねと減衰器の役割を果たす粘弾性材とで構成されている。つまり,4.6 節で述べた広帯域動吸振器となっている。動吸振器の固有振動数を図 4.59(a)の低周波側,図(b)の高周波側それぞれにあわせて調整した。それぞれのイナータンスに対する効果を,動吸振器のない場合と比較して**図 4.62** に示す。なお,動吸振器の固有振動数は,おもりを変えずに粘弾性材の面積を変更して調整した。

4.8 広帯域動吸振器とモード近接の回避による TEM 試料ホルダの耐騒音性能の向上

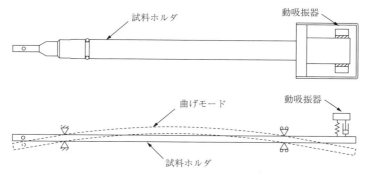

図 4.61 試料ホルダへの動吸振器の適用

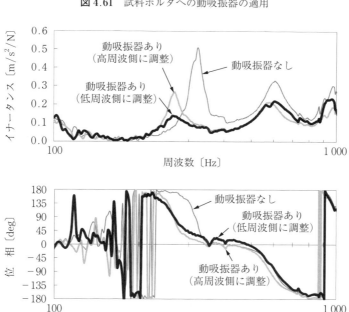

図 4.62 試料ホルダへの動吸振器の適用前後のイナータンス比較

動吸振器は，低周波・高周波側ピークの両者を抑制した。さらに，低周波側ピークに動吸振器の固有振動数を調整した場合に注目すると，このピークをより効果的に抑制できただけでなく，高周波側ピークの抑制効果が，動吸振器をこのピークに調整した場合と同程度に得られた。これは広帯域動吸振器の特徴

のおかげである。じつは、この結果が得られたとき、小躍りして喜んだ。図 4.60 に示した制振材料の適用の失敗を含め、さまざまな制振手段を試してみたが TEM レベルの微振動には役立つものがなかったからである。それがたかだか 20 g 程度のおもりで抑制できた。

どの程度の微振動まで効果があるかを確かめるために、加振器の出力を調整し、試料ホルダグリップ端部における低周波側のピークの Y 方向の変位振幅を 0.1 nm 程度にした。このときの動吸振器の効果を**図 4.63** に示す。この図から、100 pm 以下の微振動でも、動吸振器が有効であることが明らかとなった。使用した加速度計のノイズに隠れるほど振動が抑制された。動吸振器の制振のメカニズムは、主振動系の振動に対して 90°前後位相が遅れて振動するおも

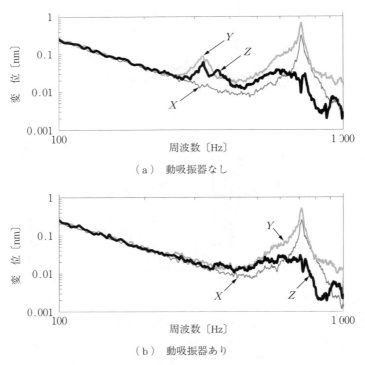

図 4.63　グリップ端部の Y 方向変位が 0.1 nm になるように調整したときの動吸振器の効果

りから働く吸振力である。したがって，非常に小さな振幅になっても，位相の関係が保たれていれば制振効果は失われない。なお，700 Hz 付近に振動のピークがある。これは加振器の固有振動によるものである。

【追加の調査】

試料を Y 軸まわりに傾斜させる機構を有する試料ホルダを用いた場合，2 kHz 台の騒音に対して非常に敏感なことがわかっていた。しかし，試料ホルダのグリップ端部には 2 kHz 台の振動を観察できなかった。

調査の際，対象の周波数の音を別の音源で鳴らして聴いてみると，感覚的にこの周波数で揺れそうなものは何かなと想像を巡らせるのに役立つ。2 kHz のキーンという音から，何か軽いものが振動しているイメージを思い浮かべながら試料ホルダを眺めると，先端部をたたけばそれぐらいの音がしそうである。しかし，先端部の機構は非常に小さく，加速度計を取り付けられない。そこで，ランダム加振したときの試料ホルダ先端部の振動を，**図 4.64** のように静電容量形変位計で測定した。すると，2 kHz 台に複数の振動のピークが観察された。加振力を一定に保ち，試料ホルダ先端部の測定位置を動かして各ピーク周波数の高さをマッピングすることで，各周波数での振動形状を知ることができる。この手法は ODS FRF に近い。この調査の結果，試料ホルダ先端部の固有モードは 2 kHz 台に集中しており，これがこの周波数付近の騒音に敏感である原因と推定された。

図 4.64 試料ホルダ先端部の変位スペクトル測定

【対策の検討】

静電容量形変位計による振動形状の測定から，試料ホルダ先端部の傾斜機構の固有モードと，この機構を支持する外枠の固有モードとが2 kHz台に存在した。これらのうち，傾斜機構自体の固有振動数を高めるのは容易でない。そこで，外枠の固有振動数を高めることにした。これはオクターブ則の逆適用に相当する。具体的には，他部品との干渉を避け，肉はできるだけ残し，曲げ剛性を高めた。改良前後の比較を図 4.65 に示す。

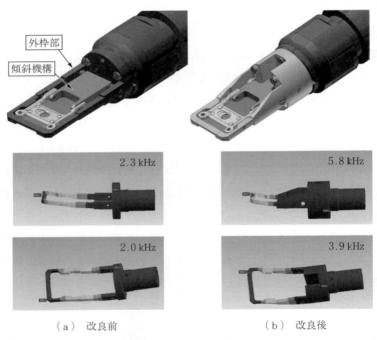

(a) 改良前　　　　　　　　(b) 改良後

図 4.65　試料ホルダ先端部の改良前後の構造と外枠部の固有振動数の改善

外枠の改良効果を見積もるには，シミュレーションによる計算モーダル解析を利用する。この際，概略の効果がわかればよい。そこで，外枠の部品のみを使用し，外枠部の根元の部位を固定した条件で計算した。結果として，改良前後において，外枠が Z 方向に弾性変形として曲がるモードの固有振動数は

4.8 広帯域動吸振器とモード近接の回避とによるTEM試料ホルダの耐騒音性能の向上

2.3 kHzから5.8 kHzへ，Y方向に曲がるモードは2.0 kHzから3.9 kHzへと大きく改善された。

【実装評価】

改良前後の試料ホルダをTEMに実装し，1/3オクターブバンドフィルタをかけたランダム音響加振による観察像の比較を行った。広帯域動吸振器の効果は，125 Hzから500 Hzの範囲で得られ，先端部の構造改良による効果は，1.6 kHzから3.15 kHzの範囲で確認された。代表的な比較例として，ランダム音響加振した際のSTEM像の比較を**図 4.66**に示す。改良により耐騒音性能が顕著に改善された。

（a）改良前：音響加振時

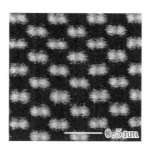
（b）改良後：音響加振時

（c）改良後：非音響加振時

図 4.66 試料ホルダ先端部の改良前後の
ランダム音響加振時のSTEM像比較

176   4. 実例を通して実感できる実験モーダルと ODS FRF の偉力

【まとめ】

装置各部の振動スペクトルの実測と実験モーダル解析によって，問題となっている振動モードを明らかにできる。加振しながら非接触変位計などで各部の周波数別の振幅をマッピングすることで，加速度計の質量の影響を受けることなく，ODS FRF と同様に振動形状を知ることができる。

100 pm オーダ以下の微振動領域においても，動吸振器は有効に働く。固有振動数の近接による振動の増幅を避けるオクターブ則も同様に微振動領域の対策手段として有効である。また，固有振動数の改良案の検証には計算モーダル解析が有益である。

5

終　　　　　章

【不思議な光景】

　新人で配属されてきた部下に，実験モーダル解析の担当を指示した。品質問題が頻発のメカトロ機器であり，これを解消したかった。制御工学の技を数種類試してきたが，いうことを聞かないメカトロ機器であり，切り口を変えた実験モーダルにより解決の糸口を見出したかった。そうすると，所属グループが担当する制御とは無関係な技術を新人に担当させている，新人に疎外感を与えるので可哀そうと同僚から非難された。

　制御工学のテキストに記載されている PID 補償器，安定解析，あるいはサーボ系の設計といった技術の活用だけで，メカトロ機器がまともに動くとでも思っているのだろうか。制御工学担当の技術者は，機械振動を扱ってはいけないのだろうか。機械設計者の仕事にケチを入れることになるので，振動の特定とこの抑制を図ることは彼らの心証を著しく損なうとでも思っているのか。しかし，機械振動の問題を扱うことが，メカニカル制御と無関係だとは何たる不見識なのだろう。

　つぎは，共同研究の場面である。電流アンプやディジタル回路の設計能力がある優秀な中堅技術者であった。メカトロ機器の評価も泥臭く，いや精緻に行っていた。ところが，振動対策でお馴染みのゴムを使った制振効果を示したとき，露骨に嫌悪感を示した。ゴムではなくて位置決め補償器の調整だけで何とかしたいという。もちろん，補償器の調整でうまくいく場合もあるだろう。ゴムの使用が最適だとも主張してはいない。しかし，機械振動は機械そのもので抑え込んだほうがよい。このことを知らない発言が目立ったことが腹立たし

178   5. 終   章

かった。

【過ごしてきた開発環境】

　上記では随分と立腹した事例を述べた。じつは著者の一人の開発環境が大いに影響している。新人で配属されたとき，回路設計，メカトロ機器の組立て，そしてメカを思いどおりに操る制御の仕事に携わった。もちろん，上司からの業務命令である。振動問題の発生は頻繁であり，直属の上司は，専門分野に拘泥することなく開発者全員を集めた。そして議論が行われた。機械設計の不手際を糾弾する会議ではないことはもちろんである。ものを動かし始めると，想定外の機械振動を招来する。このことを上司は懇々と諭した。そして，新人の私が，ものを安定的に動かす仕事に加えて，インパルスハンマや加速度センサを扱うことになった。そのため，いまでも機械振動の問題を扱うことに何らの違和感もない。メカトロ機器を扱うならば，機械振動との付き合いは避けて通れない。

【いまの開発環境】

　メカトロ機器の開発場面では，電気ハード設計，電気ソフト設計，そして機械設計と明確に担当分野が決められている。加えて，成果主義という人事制度の導入によって，担当分野で顕著な成果を出すことに心血が注がれる。自身の担当外と思われる機械振動を扱ったとき，まるで泥沼にでも入ったかのように成果が出ないかもしれない。成果主義が運用されたとき，担当分野以外の仕事にわざわざ入り込み，しかも結果が出ないとなれば，評価が悪くなることは必定だ。このように思ってしまうので，電気ハード・ソフト・機械設計の開発者達は，機械振動の問題によって仕様未達のとき，たがいに見つめあったまま沈黙する。しばらくすると，自分の担当分野の責任ではないといい募る。電気制御で振動問題を解決せよ，あるいは機械設計が悪いと非難合戦になる。

【本書の狙い】

　機械に指先をそっとそえて振動が感じ取れることがある。この場合，指先の場所を移動させたときの振動の大小から，振動の性状の一端がわかる。このような経験はあるだろう。あるいは，機械の各所をピンセット，あるいは木づちで打撃したときの反応音から，どうやらこの辺りで機械振動が発生していると特定できることがあるだろう。機械でなくとも，自宅の壁板をこぶしでたたいたときの反応音から，釘が外れかけている箇所を見つけ出すことなど，難しい理屈抜きで行っているはずだ。

　上記のような取組みを気軽に行ったとき，振動源の特定ができ，そして振動抑制の対策が立てられると著者らは考えている。本書の狙いは，気軽に機械振動の問題と向き合ってほしいという一点である。そのため，数々の事例を紹介した。事例に啓発されて，機械振動問題に果敢に取り組み，そして成果を出してほしい。

参 考 文 献

本書で参考にした文献を，章ごとに本文記載の流れに沿って以下に示す。

1章

- 鈴木浩平：振動を制する—ダンピングの技術—，オーム社（1997）
- 長松昭男：モード解析入門，コロナ社（1993）
- 東陽テクニカ：マルチ JOB FFT アナライザ　OR30 シリーズ，カタログ ORO-4709-01-1609000-286-2.0-SE5-CA
- 小野測器：DS-3000 series，カタログ CAT. NO. 332-13（2019）
- 兵藤申一，福岡登ほか：高等学校物理Ⅱ，新興出版社啓林館（2004）
- 涌井伸二：現場で役立つオペアンプ回路—サーボ系を中心として—，コロナ社（2017）

2章

- 加川幸雄，石川正臣：モーダル解析入門，オーム社（1987）
- Keisuke N. and Shinji W.: Modeling of the galvano mirror by lumped mass system and verification for the model through the experiments, Journal of Advanced Mechanical Design, Systems, and Manufacturing, Vol.12, No.1, DOI: 10.1299/jamdsm.2018jamdsm0032, pp.1-14（2018）
- 後藤憲一，山本邦夫，神吉健：詳解力学演習，共立出版（1971）
- キヤノン：除振装置，特許 3450633（2003）
- 武藤高義：アクチュエータの駆動と制御（増補），コロナ社（2004）
- 涌井伸二，渡辺智仁，高橋正人：空圧式除振装置に使用するノズルフラッパ形サーボバルブの振動抑制の定量化と除振台上の振動低減効果，日本機械学会論文集 C，Vol.75，No.755，pp.1941-1949（2009）
- 中野有朋編著：公害防止管理者試験　騒音関係試験問題演習，税務経理協会（1972）
- 日本電子：クリーンルーム等の圧力逃し弁，特開 2002-267034

3章

- 横河・ヒューレット・パッカード：F.F.T アナライザを有効に活用するには…離散的フーリェ変換の基礎（カタログ番号 0100703821524-Y）

参　考　文　献　　181

- 加川幸雄，石川正臣：モーダル解析入門，オーム社（1987）
- 涌井伸二，橋本誠司，高梨宏之，中村幸紀：現場で役立つ制御工学の基本，コロナ社（2012）
- 涌井伸二，橋本誠司，高梨宏之，中村幸紀：現場で役立つ制御工学の基本（演習編）―解答と誤解答から学ぶ演習書―，コロナ社（2017）
- 富岡達也，山本修一：低ノイズ加速度計の開発（JA-40GA），航空電子技報，No.29，pp.122-129（2006）
- 東陽テクニカ：Quartz sensors，カタログ DS-PCB-101

4章

- 涌井伸二，高橋一雄：摩擦や外乱の存在する系における超高精度位置決め制御，機械設計，Vol.35，No.8，pp.147-154（1991）
- 涌井伸二，高橋一雄，澤田武：i線ステッパ用 X-Y テーブルの位置決め，機械設計，Vol.36，No.2，pp.36-42（1992）
- 甲斐孝志，涌井伸二：速度・変位センサの状態フィードバックに基づく一設計法，日本機械学会論文集 C，Vol.75，No.760，pp.3201-3208（2009）
- 植本隆明，涌井伸二：絶対変位センサの高周波ダイナミクスの一抑制法，日本機械学会論文集，Vol.80，No.810，pp.1-14（2014）
- 松下修己，田中正人，神吉博，小林正生：回転機械の振動―実用的振動解析の基本―，コロナ社（2009）
- 羽持満，沢田英敬，涌井伸二：電子光学的剛性設計による透過型顕微鏡の耐振性の改善，精密工学会誌，Vol.75，No.6，pp.742-746（2009）
- 羽持満，所裕一郎，青島慎，涌井伸二：走査型電子顕微鏡における磁場シールド制振による像ノイズの低減，精密工学会誌，Vol.74，No.11，pp.1238-1242（2008）
- 羽持満，涌井伸二：走査型電子顕微鏡における振動モードシェイピングによる像ノイズの低減，精密工学会誌，Vol.73，No.6，pp.665-670（2007）
- 背戸一登：動吸振器とその応用，コロナ社（2010）
- 背戸一登：構造物の振動制御，コロナ社（2006）
- 羽持満，青島慎，涌井伸二：広帯域動吸振器を使った走査型電子顕微鏡の騒音像ノイズの低減，精密工学会誌，Vol.74，No.2，pp.188-192（2008）
- 羽持満，沢田英敬，涌井伸二：電子顕微鏡における同調薄層機構による床振動の相殺補償，精密工学会誌，Vol.74，No.10，pp.1125-1129（2008）
- 羽持満，沢田英敬，涌井伸二：サブÅオーダの微振動を抑制する透過型電子顕微鏡用耐騒音試料ホルダの開発，精密工学会誌，Vol.75，No.5，pp674-678（2009）

索　引

【あ】

圧電効果　　　　　　97

【い】

位　相　　　　　　　90

【お】

オクターブ則　　　　138

【か】

解　析　　　　　　　3

【き】

局所モード　　　　　110

【け】

形状効果　　　　　　152
ゲイン　　　　　　　90

【こ】

コインシデンス　　　63
剛性則　　　　　　　63
コヒーレンス　　　　86
固有振動数　　　　　24

【し】

指数窓　　　　　　　87
実稼働解析　　　　　6
実験モーダル解析　　12
遮音に関する質量則　63
周波数応答　　　　　90
縮　退　　　　　　　138
振動モード　　　　　107

【せ】

静剛性　　　　　　　72
制振合金　　　　　　148
設　計　　　　　　　3

【た】

ダブルハンマリング　85

【と】

透過損失　　　　　　63
動吸振器　　　　　　149
動剛性　　　　　　　72
同調薄層機構　　　　165

【ふ】

フォースウインドウ　87

【ほ】

ボード線図　　　　　90

【ま】

窓関数　　　　　　　87

【も】

モーダル解析　　　　1
モードアニメーション　31

【り】

リーケージ　　　　　109
リ　ブ　　　　　　　142

【ろ】

ローカルモード　　　110

【その他】

EXPO 減衰ウインドウ　87
ODS 解析　　　　　　6

――― 著者略歴 ―――

涌井 伸二（わくい しんじ）
1977年 信州大学工学部電子工学科卒業
1979年 信州大学大学院工学研究科修士課程修了（電子工学専攻）
1979年 株式会社第二精工舎（現セイコーインスツル株式会社）勤務
1989年 キヤノン株式会社勤務
1993年 博士（工学）（金沢大学）
2001年 東京農工大学大学院教授
      現在に至る

羽持 満（はもち みつる）
1990年 慶應義塾大学理工学部機械工学科卒業
1992年 慶應義塾大学大学院理工学研究科修士課程修了（生体医工学専攻）
1992年 日本電子株式会社勤務
      現在に至る
2009年 博士（工学）（東京農工大学）

精密機器における機械振動のトラブル対策
―現場でおきた機械振動問題と対処法―

What You Can Do Against Mechanical Vibration Issue on Precision Instruments
— Experience of Real Problems and Solution —　　ⓒ Shinji Wakui, Mitsuru Hamochi 2019

2019年10月21日　初版第1刷発行　　　　　　　　　　　　　　　　　　　　　　★

検印省略	著　者	涌　井　伸　二
		羽　持　　　満
	発行者	株式会社　コロナ社
		代表者　牛来真也
	印刷所	新日本印刷株式会社
	製本所	有限会社　愛千製本所

112-0011　東京都文京区千石4-46-10
発 行 所　株式会社　コロナ社
CORONA PUBLISHING CO., LTD.
Tokyo Japan
振替00140-8-14844・電話(03)3941-3131(代)
ホームページ　http://www.coronasha.co.jp

ISBN 978-4-339-04662-5　C3053　Printed in Japan　　　　　　　（齋藤）

〈JCOPY〉＜出版者著作権管理機構 委託出版物＞
本書の無断複製は著作権法上での例外を除き禁じられています。複製される場合は、そのつど事前に、出版者著作権管理機構（電話 03-5244-5088, FAX 03-5244-5089, e-mail: info@jcopy.or.jp）の許諾を得てください。

本書のコピー、スキャン、デジタル化等の無断複製・転載は著作権法上での例外を除き禁じられています。購入者以外の第三者による本書の電子データ化及び電子書籍化は、いかなる場合も認めていません。
落丁・乱丁はお取替えいたします。

システム制御工学シリーズ

（各巻A5判，欠番は品切です）

■編集委員長　池田雅夫
■編集委員　足立修一・梶原宏之・杉江俊治・藤田政之

配本順		著者	頁	本体
2.（1回）	信号とダイナミカルシステム	足立修一著	216	2800円
3.（3回）	フィードバック制御入門	杉江俊治／藤田政之共著	236	3000円
4.（6回）	線形システム制御入門	梶原宏之著	200	2500円
6.（17回）	システム制御工学演習	杉江俊治／梶原宏之共著	272	3400円
7.（7回）	システム制御のための数学（1） ―線形代数編―	太田快人著	266	3200円
8.	システム制御のための数学（2） ―関数解析編―	太田快人著		
9.（12回）	多変数システム制御	池田雅夫／藤崎泰正共著	188	2400円
10.（22回）	適応制御	宮里義彦著	248	3400円
11.（21回）	実践ロバスト制御	平田光男著	228	3100円
12.（8回）	システム制御のための安定論	井村順一著	250	3200円
13.（5回）	スペースクラフトの制御	木田隆著	192	2400円
14.（9回）	プロセス制御システム	大嶋正裕著	206	2600円
17.（13回）	システム動力学と振動制御	野波健蔵著	208	2800円
18.（14回）	非線形最適制御入門	大塚敏之著	232	3000円
19.（15回）	線形システム解析	汐月哲夫著	240	3000円
20.（16回）	ハイブリッドシステムの制御	井村順一／東俊一／増淵泉共著	238	3000円
21.（18回）	システム制御のための最適化理論	延山英沢／瀬部昇共著	272	3400円
22.（19回）	マルチエージェントシステムの制御	東俊一／永原正章編著	232	3000円
23.（20回）	行列不等式アプローチによる制御系設計	小原敦美著	264	3500円

定価は本体価格＋税です。
定価は変更されることがありますのでご了承下さい。

図書目録進呈◆

計測・制御テクノロジーシリーズ

（各巻A5判，欠番は品切または未発行です）

■計測自動制御学会 編

配本順		著者	頁	本体
1．（9回）	計 測 技 術 の 基 礎	山﨑 弘一郎 田中 充 共著	254	3600円
2．（8回）	センシングのための情報と数理	出口 光一郎 本多 敏 共著	172	2400円
3．（11回）	センサの基本と実用回路	中沢 信明 松井 利一 山田 功 共著	192	2800円
4．（17回）	計 測 の た め の 統 計	寺本 顕武 椿 広計 共著	288	3900円
5．（5回）	産 業 応 用 計 測 技 術	黒森 健一他著	216	2900円
6．（16回）	量子力学的手法による シ ス テ ム と 制 御	伊丹・松井 乾 ・ 全 共著	256	3400円
7．（13回）	フィードバック制御	荒木 光彦 細江 繁幸 共著	200	2800円
9．（15回）	シ ス テ ム 同 定	和田・奥 田中・大松 共著	264	3600円
11．（4回）	プ ロ セ ス 制 御	高津 春雄編著	232	3200円
13．（6回）	ビ ー ク ル	金井 喜美雄他著	230	3200円
15．（7回）	信 号 処 理 入 門	小畑 秀文 浜田 望 田村 安孝 共著	250	3400円
16．（12回）	知識基盤社会のための 人 工 知 能 入 門	國中 進 藤田 豊久 羽山 徹彩 共著	238	3000円
17．（2回）	シ ス テ ム 工 学	中森 義輝著	238	3200円
19．（3回）	システム制御のための数学	田村 捷利 武藤 康彦 笹川 徹史 共著	220	3000円
20．（10回）	情 報 数 学 —組合せと整数および アルゴリズム解析の数学—	浅野 孝夫著	252	3300円
21．（14回）	生体システム工学の基礎	福岡 豊 内山 孝憲 野村 泰伸 共著	252	3200円

定価は本体価格＋税です。
定価は変更されることがありますのでご了承下さい。

‖‖‖‖‖‖‖‖‖‖‖‖‖‖‖‖‖‖‖ 図書目録進呈◆

機械系コアテキストシリーズ

(各巻A5判)

■編集委員長　金子 成彦
■編集委員　大森 浩充・鹿園 直毅・渋谷 陽二・新野 秀憲・村上　存（五十音順）

	配本順					頁	本体

材料と構造分野

A-1	（第1回）	材 料 力 学	渋谷 陽二／中谷 彰宏 共著	348	3900円

運動と振動分野

B-1	機 械 力 学	吉村 卓也／松村 雄一 共著

B-2	振 動 波 動 学	金子 成彦／姫野 武洋 共著

エネルギーと流れ分野

C-1	（第2回）	熱 力 学	片岡 憲一／吉田 勲司 共著	180	2300円

C-2	（第4回）	流 体 力 学	鈴木 康方／関谷 直樹／彭 國義／松島 均／沖田 浩平 共著	222	2900円

C-3	エ ネ ル ギ ー 変 換 工 学	鹿園 直毅 著

情報と計測・制御分野

D-1	メカトロニクスのための計測システム	中澤 和夫 著

D-2	ダイナミカルシステムのモデリングと制御	髙橋 正樹 著

設計と生産・管理分野

E-1	（第3回）	機 械 加 工 学 基 礎	松村 弘／笹原 隆之 共著	168	2200円

E-2	機 械 設 計 工 学	村上 存／柳澤 秀吉 共著

定価は本体価格＋税です。
定価は変更されることがありますのでご了承下さい。

図書目録進呈◆